向光而行

女性如何做自己

卢飞霞◎主编

ZHEJIANG UNIVERSITY PRESS
浙江大学出版社
·杭州·

图书在版编目（CIP）数据

向光而行：女性如何做自己 / 卢飞霞主编 . -- 杭州：浙江大学出版社，2023.3（2023.3 重印）
ISBN 978-7-308-23380-4

Ⅰ．①向… Ⅱ．①卢… Ⅲ．①妇女学－社会学－研究
Ⅳ．① C913.68

中国版本图书馆 CIP 数据核字（2022）第 239364 号

向光而行——女性如何做自己

卢飞霞　主编

策划编辑	吴伟伟
责任编辑	马一萍（pym@zju.edu.cn）
责任校对	陈逸行
封面设计	雷建军
出版发行	浙江大学出版社
	（杭州市天目山路 148 号　邮政编码 310007）
	（网址：http://www.zjupress.com）
排　　版	杭州浙信文化传播有限公司
印　　刷	杭州高腾印务有限公司
开　　本	710mm×1000mm　1/16
印　　张	18.5
字　　数	244 千
版 印 次	2023 年 3 月第 1 版　2023 年 3 月第 3 次印刷
书　　号	ISBN 978-7-308-23380-4
定　　价	68.00 元

序 一

这本书为女性而写，但所传达的态度、持有的观点跨越了性别带来的鸿沟，揭示了一个共通的道理：人的发展总是面临着来源于自身意志品质、周遭技术环境和客观条件限制之间的矛盾，但同时人们又在追寻这样一种能力，那就是向光而立，勠力前行。

党的二十大报告中指出，我们要办好人民满意的教育，全面贯彻党的教育方针，落实立德树人根本任务，培养德智体美劳全面发展的社会主义建设者和接班人，加快建设高质量教育体系，发展素质教育，促进教育公平。浙江大学坚持以立德树人为根本任务，全面践行"人格、素质、能力、知识"融为一体的 KAQ2.0 育人理念，坚定不移地推进学生综合素质提升平台建设，做了大量卓有成效的工作。浙江大学女性职业特质研究与发展中心以及延伸出来的浙江大学女大学生领导力提升培训班就是其中的典型。

我是看着这个平台成长起来的。2014 年经济学院首次开设浙江大学女大学生领导力提升培训班的时候，彼时我正是经济学院常务副院长，后来担任院长，见证了它一路走来的历程。可以说，这个平台的成长凝聚了一批批经院人共同的努力。我在担任浙江大学副校长之后，和这个平台的学生社团——浙江大学女性素质发展协会结对，通过参与社团活动，进一步增进了对这个组织的了解。所以这些年来，不管在哪个岗位上，我都在关注着这个平台的成长，也欣喜地看到它在传承中不断进步发展。

经济学中有一个经典理论，就是要素禀赋理论，它深刻地诠释了如何用发展、全面的眼光看待事物。我想，女性的发展历程不外如是。在翻阅这本书的时候，我有很多感触，书内外的她们秉持着向光而行的精神，在各个领域孜孜以求地探索，用切身行动为这本书的内涵做了一个个具象解释。我们看到，在政界、商界、学界和文化界纵横驰骋的她们是催人奋进的，在"女领工作室"默默耕耘的她们是持续精进的，追求卓越的女大学生们则是奋勇前进的。所有她们展现出的学习力、思辨力、想象力和奋斗力，都是紧抱信念、逐梦理想的坚持。

这本书全面地展示了当代女性的成长历程。我们可以从中获悉当代女性是个性多元、全面发展、竞相进取的，她们不囿于强加的偏见观念，勇于破除社会和观念的桎梏，乘风破浪，披荆斩棘，在社会建设中的作用日益凸显，为社会提供了独特的榜样力量，彰显了伟大时代新的活力。我们要用更多的目光去关注女性，发掘她们的蓬勃意志，为终将到来的美好时代铺砖添瓦，共盼抵达打破玻璃天花板后的世界。

黄先海

浙江大学副校长

序 二

　　古今中外，"朔气传金柝，寒光照铁衣"的花木兰、"生当作人杰，死亦为鬼雄"的李清照、"危局如斯敢惜身，愿将生命作牺牲"的秋瑾、"要面包也要玫瑰"的海伦·托德等从不同维度诠释了女性价值的圭臬。青春，是人生最美好的年华，"她"在最美的年华应该怎样度过？回答这些问题，我想这应该是作者主编《向光而行——女性如何做自己》的原动力，以芳华映照初心，以榜样汇聚力量，相信此刻手捧此书的你可以从中找到想要的答案。

　　立足两个大局，国家对当代青年提出了德智体美劳全面发展的更高期待。身为教育工作者，我们站在立德树人工作的第一线，应以实际行动回答"培养什么人、怎样培养人、为谁培养人"这一根本性问题。浙江大学经济学院贯彻"德才兼备，全面发展"的核心要求，融合经济学学科特色，提出了"五经人才"培养目标，即涵养学生经纶满腹大学问、经天纬地大才能、经略天下大志向、经世济民大情怀和经得风雨大体魄的全方位素质。

　　由经济学院牵头创办的浙江大学女性职业特质研究与发展中心成立于2015年，至今已有八年时间。作为人才培养体系的重要一环，中心致力于激发女大学生的成才和创新意识，提升其领导力和综合素养，引领她们将个人价值融入社会需要，助力更多女大学生迈向更高质量、更加卓越、更受尊敬、更有梦想的新征程。我2017年到经济学院工作后，跟同事们一道组织、参与了中心的众多活动，其间跟我们邀请到的不少嘉宾有过交流，她们立足各行各业，温柔坚韧，自信勇敢，奋斗不止，她们通过分享告诉大家，在当今广阔的社会舞台上，女性的成才道路是多元的，每一位女性都可以通过努力缔造自己的精彩人生。我也见证了浙江大学女大学生学员在这个平台上的成长，拿到书稿小样后，我特别感慨，从一行行文字中，我看到了坚持和传承，看到了中心一路的发展壮大，看到了一期期学员们迸发的源源不断的热情与坚毅，她们犹如新生枝桠般渴求力量，而中心要做的就是为她们赋能，助力她们前进。

"何处黄鹂破暝烟，一声啼过苏堤晓。"正在蓬勃崛起的"她力量"一如 3 月的杭城般春意盎然，一派生机勃勃。相信会有更多优秀的女性在前行的道路上乘风破浪，高歌猛进。她们以柔肩担重任，展现巾帼芳华，在新时代绽放出全新的可能性与无限的坚韧性。

谨以此序献上深深的敬意！

张子法

浙江大学经济学院党委书记

前　言

　　法国思想家波伏娃曾在她的《第二性》中笔力尖锐地写下："男人的极大幸运在于，他不论在成年还是在小时候，必须踏上一条极为艰苦的道路，不过这是一条最可靠的道路；女人的不幸则在于被几乎不可抗拒的诱惑包围着；她不被要求奋发向上，只被鼓励滑下去到达极乐。当她发觉自己被海市蜃楼愚弄时，已经为时太晚，她的力量在失败的冒险中已被耗尽。没有哪条道路对女性来说是容易，然而，有些更艰难地横亘在我们前行的路上。"这本社会学著作首次出版于1949年，几十年来，这段醒世之言却仍然不断擂响着女性向上奋发的战鼓。

　　新中国成立以来，从20世纪50年代的妇女解放运动开始，女性生产力就得到了极大释放。越来越多的岗位向女性开放，越来越多的女性走向职场……但若向上望一望，在金字塔的顶层却仍鲜见女性身影，一位杰出人士若身为女性仍要被冠上性别前缀。女性的头顶好像有一块看不见的玻璃天花板，"女性"与"卓越"之间的连接，至今未能被全社会习以为常。或许社会中的硬性规则已貌似通达，但软性的重力却无孔不入，即使在高等学府之中，这种声音依然萦绕耳畔。

　　本书文稿之来源——浙江大学女大学生领导力提升培训班，邀请到的优秀女性来自政界、商界、学界、文体界等各个领域，她们讲述的人生故事、漫谈体会，在社会整体加于女性的种种重力之中，是一种宝贵的牵引。她们以自身的经历作为证明，以亲和的倾吐作为召唤，引导女大学生们在进入社会之前，提前在意识中扭转各种预设，不给自我设限。如果人生真的最终有所归属，女性的归属与男性没有差别，都只是个人的选择而非外界的规训。女性的征途或许难免有更多险隘，但绝不更加短狭，我们可以拥有放弃冒险的自由，但不能放弃冒险的信心与勇气。

这类"向内"的启蒙是如此宝贵——让更多的女性意识到我们也应当有拼搏的志气。向各种角色上升的道路中，对女性而言客观存在的困难，是我们加倍奋进的理由，而非转头逃避的借口。每多一位敢于冲锋的女性，我们的力量就更强大一分。声音唤醒声音，手臂提携手臂。

除了优秀的女性嘉宾，我们的女大学生们也在成长过程中，思考对自我发展的预期、对人际交往的认识、对性别议题的省思。这些宝贵成果与嘉宾的分享一并构成了这本《向光而行——女性如何做自己》，作为浙江大学女大学生领导力提升培训班的结晶与君共飨。

在象牙塔之外，特立独行的启示箴言总被淹没于庸庸众口，或许很多女性终其一生都无从获取勇气，无人为其摇旗呐喊，所以希望这本书能将塔内宝贵的醍醐之声印作信札，带出象牙塔，送抵更多的女性身边，指引她们打破头顶的玻璃天花板，向光而行。

目 录

第一辑

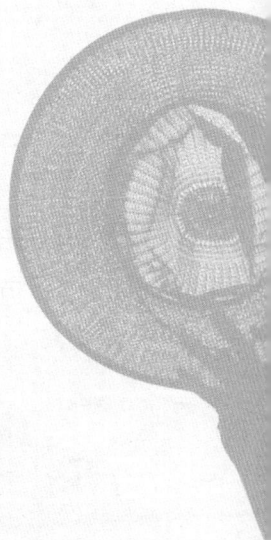

成为

在中国的历史长河中，有万里赴戎机后"策勋十二转，赏赐百千强"的女将木兰，有父权封建体系中可谓石破天惊的武周一朝；革命历史中，从"身不在男儿列，心却比男儿烈"的秋瑾到赵一曼，无一不书写着女性作为先驱的传奇；新中国成立之后，"女性能顶半边天"的口号让更多女性昂首挺胸投入社会发展。但时至今日，放眼望去，各领域的头部席位中女性还是凤毛麟角。这由社会惯性种种促成，同时也更凸显出崭露头角的女性的可贵。她们不仅要战胜内部合理怠惰的诱惑，还要战胜外界更加严苛的标准、此起彼伏的质疑、家庭角色的拷问以及不可避免的生育代价……她们走过了更加险隘的道路，才来到了同样的顶峰。

本章故事中的女性，有杰出的创业者、董事长，有享誉国际的服装设计师，有闪耀镜头的著名主持人，有竞技体育的世界冠军，有著作等身的科研学者，有扎根基层的街道党工委书记……有的是"女性友好"领域，更有的是传统观念中不适于女性的"男性主场"。她们讲述自己的经验和感悟、成长过程中遇到的阻力与引力，以最有说服力的亲身经历，为女性打开一扇又一扇深入世界的窗。

她们的存在本身已是灯塔，如同开辟黑雾中的地图般，每点亮一块，都告诉众人这里也是女性能够抵达之处。而她们的分享，则为我们描绘出女性是如何穿越风浪驶向那更远方的航道。

为什么不试一下

李丹阳

我是年糕的妈妈李丹阳,曾经是一个全职妈妈,现在是一个在母婴领域做科普的博主。除了是博主之外,我也是一个创业者,今年是我创业的第 8 年,我有一个 300 多人的团队。

创业以来,我越发感受到世界变化的速度之快,社会经济环境、观念不断在迭代。我们身处一个今天不知道明天会发生什么的时代,充满不确定性,但也处处都是机会。

在变化莫测的大环境下,一个人能通过自己的影响力,组织一群人,把一件事干成,展现的就是领导力,只不过每个人领导力的内核不一样。

一、浪潮来临时,如何抓住机会?

(一)洞察用户需求,抓住时代红利

创业伊始,我对用户需求的洞察源自我本身就是对好内容有迫切需求的新手妈妈。2014 年,初次做母亲的我饱尝照顾新生儿的辛苦,最困扰我的是孩子入睡的问题。我的孩子年糕几乎每晚都要哭闹到近 12 点才能睡着。白天已经因照顾孩子筋疲力尽的大人根本得不到有效休息。

此时，美国儿科教授、儿童睡眠和发展研究专家马克·维斯布朗的著作《儿童睡眠圣经》给了我极大的帮助。对这本用专业医学知识解析儿童睡眠问题的著作，我拿出了读书时的劲头，用两周时间做了详细的读书笔记和实操方案，并逐渐将孩子的睡眠时间调整到了7点半。

感知到专业知识对育儿的帮助，我将读书笔记发到了自己所在的育儿经验群里，得到了大量好评。此时，我发现像我一样的80后新生代父母，不再像以前一样相信老人基于经验的育儿知识，而是逐渐将互联网视作获取育儿经验的主要阵地。他们更愿意自己直接获取知识、经验，或者追随网络上同龄的榜样。

这是巨大的时代红利。

我自己育儿过程中遭遇的问题，以及在大量育儿社区中的浏览经验，成为我洞察育儿需求的第一扇窗口，但当时互联网内容的问题也同样尖锐。

2014年时，人们获取专业内容的主要渠道是搜索引擎，但搜索引擎给出的内容本身的专业度和真实性往往未经审核，质量较差。凭借医学生的知识储备，我经常能看出育儿群中其他妈妈转发的育儿经验里一些不靠谱的地方。

鉴于《儿童睡眠圣经》给我的帮助，我渐渐意识到彼时的互联网母婴内容生态亟须升级，而医学专业人员所创作的大量科普读物或专业论文，则是优质内容的重要来源。

此后，我在搜索育儿经验时，时常会像读书时那样去翻找论文，并将其简洁明了地介绍给其他妈妈。渐渐地，这样的经验科普逐渐成了我的创作风格。"年糕妈妈"公众号开始了正式更新。

（二）找准自己的定位

其实写育儿的人很多，我对自己的定位是：比医生写得更好玩，但比普通的达人妈妈更专业。因此，公众号发布的内容大部分是从我自己的亲身经历出发，辅以专业理论做支撑，再结合中国家庭的育儿特色写出来的。

其实西方育儿知识中有非常多的东西值得中国家长借鉴，但是如果给他一本现代营养学、一本育儿百科，会看得很无趣。所以我们就用小故事、小漫画和短视频的方式，接地气地讲明白。

（三）形成自己的核心竞争力和变现模式

一开始，"年糕妈妈"的内容就带有浓厚的科学知识的底色。内容的实用性也迅速为"年糕妈妈"聚集了第一批粉丝。而在创作团队逐渐壮大之后，"年糕妈妈"所秉持的"论文式"写作流程也逐渐完善。

"论文式"写作流程里，团队首先会完成选题和撰写的工作。团队在撰写过程中会参考英国国家医疗服务体系（NHS）、世界卫生组织（WHO）等权威机构的公开信息及不同语种的参考文献。每一篇干货稿的初稿，都要像论文一样有"初稿标注"，稿件中涉及的知识点需要标注出处和引用来源。

写作完成后，内容会经历类似"导师审稿"的环节。"年糕妈妈"内部建立了由专业医生组成的审核委员会。编辑完成文章后将由委员会进行审稿，从临床角度来看内容的合理性。最后，内容发表前还会进行查重。目前"年糕妈妈"团队内部设有专门的质检岗对文章进行检查，以判断网络上是否有抄袭问题。

通过"论文式"的写作流程，结合知识性的内容底色，"年糕妈妈"支撑起了内容的高质量与专业性，这成为我的核心竞争力。

以内容为基础获得流量，进而向用户提供电商和知识服务以撬动变现，模式很清晰。尽管从内容到服务的模式不断丰富，但我对内容品牌的发展一直奉行一个简单的逻辑，这也是"年糕妈妈"一开始创作内容的方法论：一切从用户需求出发，同时通过规范科学的流程向用户呈现内容和服务。

回过头看，一开始，我根本没有意识到自己会踩在内容创业的风口上，只是单纯地想要分享一些内容。能够让我在大时代的背景下，找到内容的方向，抓住机会的重要因素，很大一部分来自于我的个人特质，比如医学生的专业基础、分享欲、坚持的品质，以及对内容的敏感，能从用户视角出发的细腻等。

二、如何抓住潮水的流向

（一）保持敏感，勇于走出舒适区

从图文到视频再到直播，"年糕妈妈"的内容传播形式一直在变。作为内容创作者，我需要具备穿越平台周期、适应市场转变的能力，才能持续保持热度。做到这一点，最重要的就是：保持对新平台的敏感，用户在哪里我们就在哪里。

当微信流量有所下滑，抖音流量持续上升成为新趋势之后，我们决定要在守住原阵地的同时，主动出击，不断寻找新的流量。

当时我们做的一条"说不能穿开裆裤"的短视频在抖音特别火，这个话题其实在微信已经没什么太大的关注度了，因为在微信已经完成了这个教育。但在抖音这个生态下，还有大量的用户是不知道这样的科学育儿知识的。当时我们就觉得，从满足更广大用户、普惠更多妈妈的角度来说，这个事情非常值得做，也很有意义。

其实在微信逻辑下，我们有很多的路径依赖和惯性，有自己的舒适区。从图文的能力迁移到拍视频的能力，就是一个很大的跨越。我们花了3个月，做到了短视频内容的突破，抖音涨粉到几百万。

（二）发挥强项，建立自己的护城河

内容为核心一直是我们的重点，但中间我们也走过一些弯路。

很多内容创作者总想做大爆款，当初我们也是有这种迷思的。尤其是转到抖音这种短视频领域的时候，刚开始都觉得是在跟算法搏斗，想快速作出爆款内容。因为运营抖音账号非常依赖平台机制，但这中间就会遇到问题——我们的内容越来越套路化。

后来我们进行了反思，觉得还是要有自己的内容沉淀、行业壁垒，构建自己的护城河，调整战略。从战略选择上来说，就是要发挥自己的强项，而不是拼命弥补短板。作为内容的创作者，最重要的一条就是"真诚地做个人"。真诚地面对自己的用户，IP 才有长久的生命力。因为不管技术怎么变，妈妈养好孩子的需求不会变。深刻理解用户的需求，并且真诚地为她们创造内容，这是基础。套路和程式化的内容是很容易被用户抛弃的，追求爆款有时就是在损耗用户。

我们其实已经有了丰富的早期发展时的内容沉淀，把这块优势发挥到最大，做表达方式的探索和改变，才是我们的核心竞争力。

（三）接受自己的不完美

在这个过程中，我们也遇到了很多危机。

首当其冲的就是，IP 本人和团队都不具备视频拍摄和制作能力。我们的解决方法就是小步试错之后，快速投入资源去放大能力。

当时我们做的调整是成立一个特别小组——抖音"海豹突击队"。由一个资深的内容专家带着两个实习生，不设 KPI，不做任何限制的冷启动，小

步试错，快速探索出一条路。鼓励团队创新，放开手脚往前冲。同时我本人持续出镜，反复修正和练习。

在和新团队共同努力去克服种种困难的过程中，我有一个很深刻的感受：适时求助，不等于无能。作为一个女性创业者，基于女性本身的特质，和男性创业者相比，我会更敏感、感性，更愿意用具有人情味的方式去管理团队，注重跟团队的情感链接。也是因为这一点，当我接受了自己的不完美，承认一个人的力量是有限的时候，遇到解决不了的困难，我可以及时向团队反馈并求助。求助不等于无能，恰恰相反，因为愚蠢的自尊而耽误了整个项目的进度，甚至导致项目失败，才是真正的无能。

三、如何在时间的洪流中站住脚

（一）坚持长期主义

"年糕妈妈"公司的使命是"致力于持续改善社会育儿认知和养育环境"。盈利是一种结果，可以作为具体的工作指标，但不能作为战略目标。战略目标是满足公共需求，推动社会进步。个人也好，企业也好，你只有被需要，才能生存、发展。我首先考虑的是妈妈们的需求和社会大势。如果我们能在这方面做出实实在在的贡献，我相信公司能活得久而且好。

"少子化"是当前很多经济体面临的问题，可能对社会结构和经济发展产生重大影响。国家推出了"三孩"政策，以及降低楼市热度、减轻教育负担等一系列举措，也被一些人看作是减轻生育压力的努力。

从微观层面，减轻"生育第一责任人"——妈妈的负担，给她们提供支持，能够提升育龄人群的生育意愿。从这个角度出发，我和我的团队开始有意识地输出反焦虑内容。

（二）做有意义且正确的事

首先是为妈妈们提供自我减负的内容。

妈妈们需要正视自己的艰辛，自我减压，心要放宽一些。其实，养娃毕竟不是做科学实验，容不得误差，倒是妈妈自己，如果身心负担太重，还怎么照顾孩子呢？

我当然知道写"吐槽婆婆，骂老公"的文章更能获取流量，而输出反焦虑内容，一开始阅读数据往往不太好看，但毒鸡汤是畸形的繁荣，无法长久，不能低估读者。

实践证明，讲怎么科学地偷懒，讲怎么低成本带娃，讲"别担心没关系"的内容，越来越受到读者欢迎。《贵的东西不必省给孩子吃》《小孩的衣服不能比大人的贵》《母爱无须伟大，妈妈不是超人》等文章，都成为我们的爆款。

"年糕妈妈"的内容方向，经过持续且坚定的输出，渐渐地在洪流中站住了脚，也获得了读者的正向反馈。

我经常会和读者们提到一个概念——"家庭支持系统"。所谓家庭支持系统，主要是爸爸们，以及国内大多数家庭中对带孩子起到重要作用的家中老人。

要给"宝爸"更多带娃的机会，理解老人的不易，以"战友内部矛盾"的立场处理隔代育儿观念的冲突。

爸爸带娃，多方受益。爸爸的陪伴，对于孩子智力、人格发展的价值不言而喻；亲密的亲子关系，能给爸爸和孩子带来满满的幸福感；并且，能给妈妈喘息之机。为此，我们又输出了"爸爸带娃"系列内容，包括价值观和方法论两个层面。现在我们的男性读者比例接近10%。还有老人隔代养育问题系列。我们的读者中有不少老人，很多人跟着公众号学习科学育儿，最多的就是照着辅食文章给孩子做饭。

所有产出，远远不敢说是"万能答案"，只是多提供一种可能性，给父母们作参考。但有一点是不变的：跟妈妈们的联结，是我们的生命线。

在这条生命线上，借助内容的力量，持续改善社会育儿环境，做有价值的事，就是我坚持的"长期主义"。改变需要有人去做，改变也正在发生。

为什么不试一下？

我们身处一个今天不知道明天会发生什么的时代，唯一能确定不变的就是变化。但无穷的变化，也带给了我们无数的机会，去尝试形成自己的领导力。那我们为什么不勇敢地去试一下？

每一次新的尝试，都像一种特别的创作方式。而每一种创作，都在不断锚定你和世界的关系。那个时候，我不是女儿，不是妻子，也不是妈妈。我不需要通过某段关系去反复确认自我的存在，和自己在一起，也可以过得很好。

起起落落，人来人往，这才是人生常态。未来还很长，生活和工作中该遇到的问题还是会遇到，但我已经不是以前的那个自己。在大家去追逐寻找自己领导力的过程里，面对挑战的时候，或许这句话能给你以鼓励：为什么不试一下？

李丹阳：浙江大学临床医学专业硕士，母婴育儿领域知名意见领袖。2014 年初创建母婴自媒体"年糕妈妈"，为中国妈妈提供科学育儿知识、解决育儿难题、提供情感陪伴。创业 8 年，"年糕妈妈"跨越平台和内容红利周期，完成全媒体矩阵布局，通过微信公众号、抖音、快手、微博等新媒体渠道持续生产、传播优质内容，保持高速增长，赢得 4500 万中国育儿家庭的信任，成为母婴领域头部品牌。

东方女性，美在文化

吴海燕

很多人都觉得我的工作与艺术相关，最能代表美。在我看来，美不是任何人的专属，它可以是一个人、一件作品、一种文化、一股精神。

女性与美往往是密不可分的，我鼓励所有的女性勇敢追求美。经常有小女孩问我，如何能够让自己美起来。我理解的美不仅是外在的，更是内心层面的。外在上可以通过一些小细节更好地展示自己的优势，内在上我更建议充分认识自己、接受自己，在自己热爱的道路上坚持下去。

"吴老师对美的追求非常纯粹。"许多同事、学生这样形容我。以前我没有意识到自己是这样的，但仔细想想，我人生的每个阶段确实如此，对美的事物由衷热爱，而且在探寻美的这条道路上非常勤奋，非常坚持。

一、我与美这件事

第一位启发我发现美的人是我的外婆。童年，我们家住在杭州南山路一栋小洋楼里，我喜欢到附近的百货商店捡五颜六色的糖纸，运气好时还能有米老鼠图案的糖纸。外婆把糖纸一张张洗好，一排排贴在玻璃窗上，然后让我观察阳光穿过糖纸映照在白墙上的色彩和纹样。那些糖纸上的纹样在白墙上投出长长的影子，影影绰绰，变化多端。我还喜欢把外面的叶子、石头捡回家。外婆总是让我先把叶子放在水里洗干净，跟我说不同叶子的边缘是不一样的，有些是齿轮形的，有些是圆形的。还有一件令我印象很深的事，每次晒完被子外婆都会让我闻一下，告诉我秋天晒的被子比夏天的香。外婆就是这样，没有刻意地教我什么知识，而是用生活中的小细节启发我，让我从小对于美有了自己独特的理解。

后来我喜欢上了画画、做手工。初中的时候，同学们都不愿意做美术作业，都让我来画，我就把二十几个同学的画都画了，虽然被老师批评了，但丝毫没有影响我对画画的热情。

改革开放后，周边的朋友建议我去考大学。当时我对要不要考大学、考什么大学没有概念，听说浙江美术学院（中国美术学院前身）可以学画画，我打算去试试看。那个时候家附近住了很多同龄的朋友，大家相互传递着看各种书，10 岁之前我就把四大名著看得"滚瓜烂熟"；有些朋友的家长是老师，会教我们英语，所以相对来说我的文科底子还不错，专业课当时考了全国第一，进入了浙江美术学院染织专业。现在想来，任何机会的来临都需要做好准备，无论你是否看清了远方的路，一定要先把努力做在当下。

大学期间，我对于专业的热情一直都很高涨，每一次作业都追求做到最好。比如老师让我们设计 3 个图案，我一旦钻研进去，就会没完没了地画，可能会画出 50 个。慢慢地，我发现我对艺术的感觉变得越来越好了。

1984 年，我毕业留校担任染织专业教师。那时，中国服装业迅猛发展，服装教育却严重滞后。最开始上课那会儿，根本就没有好的教材，我实实在在感受到了我国和国外在服装发展和教育上的差距。我开始学习和了解国外的东西，托朋友从日本买到了一套 12 本的服装设计丛书，研究并运用到自己的课堂上。

服装是一项基于实践的专业，教育者必须将实践的意识、实践的技能、实践的走向作为重要内容贯彻于教学活动之中。后来，我几乎每年都会去国外看展，把每一个有意思的作品拍下来，作为教学素材拿到课堂上给同学们分享。我从国际市场中采集的各种信息总是以最快的速度传递到教学中，极大缩短了教学与实践之间的间距，也促使着教学不断向更深、更新、更高的境界推进。我不得不时常扮演着"空中飞人"的角色，在杭州与北京之间、在许多国家间飞来飞去。但我更想把自己比喻为一只蜜蜂，不动声色地从四方采集芬芳，精心酝酿，再哺育后人、回馈社会。中国美术学院设计艺术学院服装设计系主任陶音说我有很深的"教学情结"，确实如此。20世纪90年代时，我完全可以下海经商，但是我觉得跟年轻人在一起特别开心，我喜欢做老师。即使作秀很晚回来，我也不会影响上课。后来我的学生做了教师，也和我一样，在企业谈合作时，先把自己的课表给对方看，告诉对方"这些时间不可以"。市场关系着思想的发生，在那里要对许多顶尖理论问题进行思考；讲台关系着思想的完成，在那里各种奇思妙想方能得到充分验证。每一次，我在学校里都能够静下心来，把我的实践所得形成理论。直到现在，讲台总是我最后的驻足之地，教学始终是我的工作圆心。

曾有很多企业向我抛出橄榄枝，但我都没有放弃教师这一身份。曾经有一位日本友人很欣赏我的作品，说愿意把我的作品推到国际上去，这让我很心动，因为那个时候世界上根本就看不到中国设计师。但当时的合同要求我必须离开教学岗位，今后我的所有作品和肖像权都属于公司。我是中国培养出来的，在设计上又一直坚持民族精神，岂能为了个人名利丧失民族气节？于是，我拒绝在合同上签字。在很多人看来，我失去了从中国走向国际的机会，但我相信，命运为你关上一扇门，必然会打开一扇窗，就在我做出这个决定的同时，中国服装集团邀请我担任总设计师。

我记得在20世纪90年代的时候，我出国参展，外国人看到我都会问"你是日本人吗"。到了 21 世纪，我再出去的时候，他们同样会问这个问题，但与之前不同的是，当我说出"我是中国人"之后，对方会立马伸出手来和我握手，并表示中国很好。最近这几年的情况又不一样了，外国人会直接问"你是中国人吗"，足以看到中国这些年的飞速发展。我们这代人的成长，离不开改革开放。可以说，中国的发展，造就了我的今天。

二、我与杭州这座城市

我每次跟别人做自我介绍，都会说我来自杭州。我也经常给别人作分享，主题就是"时尚与一座城市"，提到城市时我往往都会将杭州作为例子。在我的设计中，杭州给我的创作灵感一辈子都用不完。

我生在杭州、长在杭州、工作在杭州，见证了杭州这座城市自改革开放以来的变迁与发展。对于杭州的亲切记忆是根植在我骨子里的。

2000 年左右，我在北京担任中国服装集团总设计师，往返于北京、杭州两地。当时有个很深的感觉，北京总是灯光璀璨，但是杭州一到晚上就寂静下来了，主要原因是西湖边缺少灯光，夜晚西湖的美因为不为人知而显得黯淡。那个时候我就想，杭州的西湖不仅仅只是自然景观，它更是"人文西湖"，我一定要把杭州的文化故事讲出来，一定要把西湖的美延续到晚上，让西湖亮起来。这样的想法正好也与当时杭州市政府的理念契合。当时世界上对于中国丝绸存在误解，我就打算以丝绸为主题，结合西湖的美做一场时装秀。

在接下来的大半个月，我每天早、中、晚都在西湖，观察日出日落时湖、山、水的变化，为中国美术学院与杭州市政府合作的时装秀"东方丝国"选景。2001 年 10 月 26 日晚上，西湖西泠桥头，50 名女模特展现了我规划的 120 套丝绸创意时装。当灯光打开的那一瞬间，身边的人无不称叹"杭州的夜晚竟然这么美"。之后丝绸和西湖人文开发得到了杭州市政府的高度重视，先后成立了服装设计师协会和丝绸女装领导小组，并尝试为西湖申请到了非物质文化遗产，成功地让西湖完成从自然西湖到人文西湖的华丽转身。

2006 年，也就是时隔 5 年后，我又在杭州古街——河坊街举办了"东方丝国"第二回——"天下河坊"时装秀，100 位名模展现了我设计的 120 套创意服装。这场时装秀更具原创情怀——中国的丝绸材料、中国的创意设计、中国的创作加工、中国人的工匠精神。杭州丝绸与女装的组合使杭州女装业迅速崛起，杭州丝绸与女装工业年产值达到了 200 亿元。

2016 年杭州举办 G20 峰会，当主办方找到我设计服装的时候，我毫不犹豫就把这个工作接下来了。作为志愿者服装的设计师，我最重视的，同时也是经历了两个月时间打磨的就是服装的主颜色。在我的设计理念中，必须选择能够代表杭州的蓝，而且这种蓝色需要体现三层意义：它既是秋高气爽的西湖蓝，也是睿智兴盛的商务蓝，更是世界和谐的和平蓝。最后，衣服呈现出来时，许多人都感受到了这套服饰的江南味。整体设计风格青春、活泼，主色调蓝白色代表西湖水的颜色，图案融合了杭州元素，女款上白下蓝象征西湖的水，男款上蓝下白象征西湖群山。男女装合在一起，如同一幅钟灵毓秀的山水画卷，透露着湖光山色的自然之美和杭州韵味。西湖是我灵感的来源，西湖里细细生长的草木我都记得清清楚楚，养我的这片土地赋予我非常多的灵感。

2021 年 9 月 10 日，我为杭州亚运会设计的礼仪服装正式发布。设计主题是"云舒霞卷"，这个主题的灵感来源于杭州的晚霞。我认为杭州的晚霞是最漂亮、最能代表杭州的，我把它的色彩复刻成"虹韵紫、月桂黄、水墨白、湖山绿"，面料采用了杭州本土元素丝绸，中式旗袍襟口结合西式开衩裙摆，通过晕染手法以及中国传统的提花工艺，将薄雾朦胧、霞光闪耀、青黛含翠的西湖韵味融合在一起，这与我国的大国风采十分契合。

三、我与中国文化

大概是在1993年，在首届中国国际青年设计师大赛上，我意识到中国文化的重要性。那个时候大量的中国人往国外涌，购买国外的名牌，推崇国外的文化，而中国的宝贵资源却鲜有人进行深入探索。我回到学校后，非常关注中国文化在设计中的应用，尤其是吉祥图案。古人一生都在追求"吉祥"，已经梳理了一套非常详细的吉祥图案体系，而我们许多设计师都把这些东西给丢了。美院的图案课上，包括图案变形、染织等传统文化的内容我一直没有删掉，尽管国内很多学校已经把这些内容去掉了，但我始终认为中华文化是中国设计师设计的重要灵感和核心素材来源。

以成为中国文化的先行者和实践者为己任，我一直保持着旺盛的创作力，并把"传统活化、设计转化、东方范式"作为坚持的方向。中国是开放的国家，能够很好地容纳西方科技和文明，使之与传统文化融合共进，但近30年来，在时尚设计领域，许多人迷恋西方而忽视本土，这是我努力想扳正的一点。

在2001年第一次"东方丝国"的西湖秀之前，我就一直在强调民族精神的重要性。当时被人质疑太过老套时，我就反驳他：我们对自己的东西真是不珍惜！但是说实话，那时候自己虽知道文化的重要，但精神、文化、传承、转化这个系统其实还是在后来的项目实践中才愈发清晰的。在带领团队走出国门传播中国丝绸文化的过程中，我更明确了中国人一定要带着自己的精神、自己的文化走向世界，否则没有人会认可你。"东方丝国"就是传统文化成果的体现。从最初农耕时代的衣、食、住、行，到如今互联网时代的医、康、网、游，中国传统文化已经在生活方式的演变中不知不觉传承下来。因此，我创建了个人品牌——"东方丝国"，成立了东方设计研究院，并构建了"东方设计学"理论体系。我认为，一定要把时尚和传统相连接，善于将传统文化中的故事和内容活化在当代人的生活中，重新贴合当代的东方起居与审美意趣，才会产生属于我们自己的创新设计。文化自信是我追逐美的最核心力量。"东方丝国"源于对中国丝绸文化的重塑、对民族精神的坚持。如今，"东方丝国"的秀也走出了国门，我把它带到美国、法国、德国、希腊，成为浙江乃至中国文化的一张名片。

我印象非常深刻的是，有一年中国美术学院在英国圣马丁进行教学交流时，我们的代表跟一位教授说希望和他们在图案趋势设计上一起进行创意。这位教授听了连连摆手说："不行不行，你们中国的图案就像一座金山，我们根本上不去，因为不懂文化。"这件事让我更加坚定了这么多年来一直在坚持传播的东方文化。

不同国家、不同地域所形成的丰富多彩的人类文明，都来源于扎扎实实的生活，来源于祖祖辈辈延续下来的独特文化和精神信仰。一味地崇洋媚外，没有中国文化之根、之本、之心，反而去构建另外一种精神世界，就会失去自我，这是很可悲的。精神和文化永远是绑在一起的。如果一个人、一个民族没有了精神，也就失去了自己独特的文化目标。1983年，当我还在读本科，我们全班同学去了敦煌，对敦煌壁画进行了考察和临摹。每临摹一次，我的心灵都会受到极大震撼，愈加感叹中国古人的伟大。敦煌壁画的价值不仅仅在于其是伟大的艺术成就，更在于它有大量关于耕地、种植、收割、伐木、狩猎、养畜、建造、商贸等人们日常生产生活场景，如"得医图"是表现医师行医治病的场面；"海船图"是描绘唐代船舶构造及驾驶场景。此外，敦煌壁画中的鸟瞰式三点透视表现手法，即在特定的空间中，任务和景色并置排列，画面协调自然，而在空间关系上，景与人物之间却又主观排列，独具匠心，非常奇妙。因此，除了艺术生，很多医学生、建筑学生都会到敦煌，从壁画中寻求本专业未解之难题。可以说，敦煌石窟壁画艺术包罗万象，是一部形象的历史。

文化传承对一个国家和民族的发展具有十分重要的意义。取其精华，去其糟粕，也是传统文化得以发展和创新的根本。现在我带着研究生正在做一个"新中国二十四孝"的项目。我们从隋朝开始，对中国不同时期、不同区域、不同画法的"二十四孝"图案版本逐一进行剖析。有些理念例如"埋儿奉母"已经不适应如今的生活方式和当下人们的认知，理应摒弃。新时代有新的孝顺方式，都可以画到"新中国二十四孝"中去。

文化兴则国家兴，文化强则民族强。无论是作为一名文艺工作者、艺术家，还是一名设计师，我所追求的美就是将中国精神传承下去。这是我义不容辞的责任，也是能让我坚持在追求美的道路上不断进步的原因。

■ ....

吴海燕：著名服装设计师，中国美术学院纺织服装研究院院长，教授，博士生导师。中国服装设计师协会副主席，浙江省政协常委，浙江创意设计协会理事长，全国妇女手工编织协会会长。

自律，让你更自由

亚丽

这个世界存在许多规则，有些能为我们提供支持，有些会阻碍我们的成长，比如"女孩就应该有女孩的样子""女性就应该早点结婚生子""女生不应该从事属于男生的运动"……许多女性在成长过程中都听过类似的声音。这些声音似乎无处不在，性别刻板印象带来的潜移默化的影响和巨大的压力，从方方面面影响或者限制着女性的人生。

因为工作的原因，我结识了许多优秀的女生。在她们身上，我能感受到女性的强大力量。

女生可以搞"核武器"——女生大学读的是核工程，对，就是核反应堆工程。大学四年，这位女生 PK 掉近百名"汉子"拿了全系第一。她做毕业设计选择了核反应堆实验，在大冬天里穿两件羽绒服在没有暖气的实验室里拧阀门、做电焊、玩高温高压，最后拿了唯一一个校级优秀。现在她在美国读博，还是每天接触"核武器"，还是组里唯一的女生。导师不喜欢"妹子"做实验，她就折腾着换导师，她折腾的结局并不差。

女生可以把自己献给世界——她是一名女医生，作为"无国界医生"，在巴基斯坦、阿富汗、塞拉利昂、索马里兰等地，参加了十几个救援项目。在那些危险的地方，她身影娇小却十分勇猛！

女生可以肆意洒脱——她是一名建筑设计师，哈佛大学建筑系博士。她的外形符合江南女孩的一切标准，但清秀的外形之下有一颗强大又不羁的心，热衷野外探险、极限运动，一个人一辆车就敢进无人区。她设计的作品屡获大奖，在去颁奖礼之前，还飒爽地赶个场在拳击赛中击败对手，然后换上礼服优雅地领奖去了！

…………

身边优秀的闪光女孩真的很多。这些女孩，有自己的节奏和章法，从不惧怕任何标签，从她们身上，你时刻能感受到那份自信果敢与力量：我就是我，不一样的烟火！

这才是女孩子们真实的样子：我们有勇气，也有能力做自己想做的事，成为自己想成为的人，不需要被他人和社会评价。

无论性别，无论境遇，我们都可以按照自己的意志去拼搏，努力活出最大的潜能。我一直认为人在拼搏时的姿态是最为骄傲和有尊严的。

这两年对我来说是很特殊的，因为我有了一个全新的身份——母亲。我升级做妈妈了，一位刚上路不久的新手妈妈。在努力照顾和陪伴宝宝的同时，我也在不断思考，如何完成那道难题：平衡！平衡事业和家庭。难，这道题真的太难了！一边是出生没多久、嗷嗷待哺的小婴儿，一边是压力大且竞争无比激烈的工作；一边是新手妈妈的手忙脚乱，一边是时刻要求你优雅从容的舞台和观众……无数次熬得蓬头垢面后对着镜子几乎不敢相信那是自己，焦虑紧张又不安。我也一度迷茫和彷徨。可正是因为宝宝，和他日常互动，陪伴他成长的点点滴滴，让我真正能静下心来审视自己。从自我的成长经历和发展来思考什么是好的教育。我觉得最好的教育是：给孩子自由成长的空间，带着对生命的无限热忱，过好自己的人生！在成为母亲之前，我首先是自己！基于这样的考虑，我再一次更换跑道！为什么说再一次呢，得讲讲我的故事了。

追寻从小的主持人梦想，我考入传媒学院。毕业那年，我顺利进入"电视湘军"大本营——湖南广电，怀揣新闻理想，开始新闻主播之路。刚工作时，我这个初出茅庐的小丫头，每天面对的都是现场直播或是大型活动的主持，压力大到每次工作完，套装都被汗湿得能挤出水。我每天都在高强度高压中历练，当克服了紧张后，成长也极为迅速。

经过四年，我成为湖南经视的"当家花旦"，也开始在湖南卫视主持节目。当家人和朋友都在为我的成长和进步骄傲开心的时候，我却做出了大家不太能理解的决定，从湖南广电辞职，回到我最喜欢的杭州。

归零，一切从头开始。我在浙江广电做了三年的新闻主播，扎实打基础，锤炼提升业务能力。直到 2012 年，浙江卫视几档王牌综艺向我抛来橄榄枝，《中国梦想秀》《转身遇到 Ta》《喜剧总动员》……深思熟虑之后，我勇敢地选择转换赛道！这是突破性的一次选择，是从新闻主播到综艺主持的转型。面对高压和高强度的工作，我没有时间犹豫彷徨，只有心无旁骛地全情投入。

那些年，我在阿根廷的50米高空录制《心跳阿根廷》，在美丽的潘帕斯大草原上，玩的何止是心跳；那些年我在印度、在澳大利亚、在新西兰、在法国……一站站奔波工作，没有时间倒时差；日常工作也是杭州、北京、上海、深圳……空中飞人，密集的录影一波又一波。

那些年，我习惯了日夜颠倒，熬夜通宵，习惯了高跟鞋一站就是一天，常常一天录制就超过 18 个小时，习惯了不是在录影，就是在赶去录影的路上，铁人一般不知疲惫，无暇休息。也是在那些年的综艺舞台上的经历，我更自信、更从容。不论是超过 5 小时的跨年晚会直播，还是春晚录制；不论是嘉宾访谈，还录制一群熙熙攘攘的小朋友们的节目……我都可以应付自如，游刃有余。我是老师们眼中的"五好学生"，是同事们眼中的拼命三娘，是领导眼中靠谱且能独当一面的干将，努力、尽力去做到自己的最好，收获也颇丰。

电视星光奖、综艺年度节目、"TV 地标"、新周刊年度十佳综艺、省政府一等奖……奖项纷至沓来，被业界评为兼具"新闻"和"综艺"气质的美女主播、最优雅知性的主持人。

相比起这些奖项和美誉，我更看重自身的成长。努力后的积累沉淀和自我提升，让我更坚定地行走在热爱的这条路上。

别以为拼命三娘就是工作的机器人，工作之余，我喜欢健身，喜欢研究厨艺，喜欢旅行，喜欢音乐，喜欢读书，书法和舞蹈也一直坚持学习……为了保持这些兴趣爱好，我严格管理自己，管理时间，即使再忙，也要挤出时间做那些热爱的美好的事，这是我纾解压力的最好方式。美国心理学家克拉克曾说过："自律的前期是兴奋，中期是痛苦，后期是享受，当你开始享受自律的时候，你会发现生活少了失意和迷茫。"

而当我决定孕育孩子成为妈妈时，我又开始了新的思考。平衡事业和家庭，那就要更严格地自我管理和提升。在孕期，配合医生严格管理身体各项指标，只为健康地孕育宝宝。生了宝宝，认真地用母乳喂养宝宝的同时，也不放松业务和身体管理。用练声的方式给宝宝讲故事（从胎教开始），按照医生的指导科学喂养和产后恢复。当我休完 4 个月产假回归工作岗位的时候，大家都惊呆了，完全看不出这是新手妈妈，甚至状态比原先更好。其实大家不知道，那时我还是一位辛苦的哺乳期妈妈，为了孩子的健康成长，我坚持外出工作的时候背奶，母乳喂养孩子到一岁半。过程的艰辛我想只有当了妈妈的人才懂吧。但是，尽管无比辛苦，这也是我的快乐源泉！我看得到孩子的健康成长，看得到亲子关系的亲密无间，看得到家庭的融洽和爱，更看得到自己的点滴变化，这些都在朝着我期许的更好的方向靠近。

为了能继续走在自己热爱的事业里，也为了更好地养育陪伴孩子，我再次变换赛道，阔别新闻主播台八年之后，重新回归，从综艺主持再次转型为新闻主播。工作之余，我有固定的亲子时间，而且可以制定有趣、有爱的亲子学习和互动计划，陪伴宝宝共同成长。虽然平衡得很辛苦，也常常会觉得很难，但我依然满怀信心。

当我轻描淡写地讲述这些的时候，其实过程里有笑，也有泪，有脆弱，也有坚强，但是心底觉得幸福，因为这才是我的动力之源。勇敢地做自己，追寻自己热爱的，让我一直能量满满。

女性在世俗社会里，勇敢做自己，不被规则条框束缚，遇到的困难也许远比想象中多得多。但我一直认为，永远不要小瞧那些在喧嚣声里知道自己要什么，并时刻往前走的女性。哪怕她们走得踉踉跄跄，姿态不够讨喜，也不得不承认，勇气就是无价之宝。那些披星戴月走过的荆棘风霜，终有一天，会变成承载幸福的底气和力量。

女性生来不是为了成为谁的附属品，我们成为我们自己，就是最大的意义；对于孩子而言，就是最好的榜样力量。彼得·德鲁克曾说，时代的转变，恰好符合女性的特性。女性具有亲和力、同理心、助人为乐和奉献精神等天然优势，再结合自己的特性，温柔内敛的我们也能取得世俗意义上的成功。

至于女性如何提升领导力，我有一些浅显的认识。

一是训练思辨的能力。思辨力对于一个人来说太重要了，它既可以帮助我们独立判断，又可以与世界保持有效对话。思辨力，可以令我独立发现问题、寻求论证、应用实践，从而更好地理解生活的本质。养成思辨的习惯，面对问题会很自然地审视、论证观点的逻辑性，不会盲目相信任何观点，在纷繁中不至于迷失自己。

二是多维视角看待世界的能力。通过阅读，获得前人总结的智慧结晶，提升自己看待世界的广度和宽度。通过书本，我们可以沉淀出更多的力量，有更大的包容性和接纳度，学习更多的知识，提升认知，从而为自己确定发展方向，获得更多的可能性。拥有了洞见，才能驾驭变化。当你引领更多人追随你的时候，你就成为有领导力的人。

三是获得自我幸福的能力。幸福是一种主观感觉，而很多人却认为它是由客观环境造就的。平衡工作和生活，是幸福感的重要来源，对于女性来说，要把两者平衡好：一方面要在工作中创造价值，让自己在工作中受益；另一方面，要不断让积极的工作效应促进个人的生活，积极影响自己与家人的幸福感。

四是有精神追求。精神上的独立，是女性能够造就自我领导力内在定力的核心来源，而这又取决于女性领导者更愿意有精神追求，还是仅限于世俗意义上的成功。女性要有清晰的发展目标，真正在认知与精神上独立，不在意外部评价，不将自己限定在与性别相关的陈旧观念上，也不自我设限。人生并不复杂，只需要把握好四个重点，那就是有事做、有人爱、有信仰、有期待。

速度不缓不急，该收敛的时候绝不逞强，该出击的时候绝不保留，该保留的时候不盲目，该竭力的时候也不气短。在人生这场马拉松里，无论你是强硬的、柔软的、安静的、热闹的，都没关系，一定都会得到命运的奖赏。

希望每个对自己有期待的人都能相信：你们注定要绽放出自身的光芒，没有什么能够阻挡——有时候仅仅是因为获得了这样的勇气，你就已经和你想要成为的样子更靠近了。女孩们最美好的模样是能力与经历互相成就，个性与努力彼此扶持，这才是"新希望"。女性要充分发挥自身的潜能，追寻自己的热爱，不断打破规训与界限，在有限的生命中尽量舒展，最终收获一种既厚重又轻盈的生命体验！

亚丽：浙江卫视知名主持人，被誉为业界"最优雅知性的美女主播"。中国手艺传承推广大使、浙江省青联委员、浙江省禁毒公益形象大使、"大病医保"联合发起人、绿色浙江公益大使，浙江卫视新闻主播。曾主持《中国梦想秀》《喜剧总动员》《转身遇到 Ta》等多档综艺节目。主持栏目获得电视星光奖、"综艺"年度节目、十大品牌电视栏目、"TV 地标"、《新周刊》年度综艺节目等。

成长，比成功更重要

俞巧仙

　　每次看到"女性领导力"这个主题时，我的第一反应就是"领导力为什么要有性别区分"。曾经有一次去某大学分享，他们给出的主题是"女性如何平衡家庭与事业"。这个问题对很多女性来说可能会很困扰，也很现实。但对我来说，它并不算是一个问题。而且我想，应该没有人会向男性来提出这样的问题。

　　但是，作为女性，我们的生理构造与思维、情感模式注定了要面对与男人不同的生活与工作模式。所以，我们必须要正视这一点。

　　首先，提到女性领导力，大家都会想到综合能力、知识、见识、胆识、使命、专业技能、独立思考能力、阅历、经验、思想体系、自律、价值观、信仰、意识、决策、梦想、目标、爱、平衡、眼界格局、自信、阳光、绽放……

　　这么多年，我一直在坚持学习，也接受了许多专业或非专业的培训。在分享环节，总会有许多女性跳出来诉说自己在工作和生活中面临的压力，尤其是来自家庭、来自另一半的压力，让自己深感痛苦。但是到后来，尤其是近几年，我发现这种风向完全变了，变成了男人在诉苦。

　　这不是东风压倒西风的问题，而是在这个时代，女性意识的迅速觉醒，加之女性自身独特的优势，比如柔韧、细腻、包容、善良等，让女性纷纷走到台前。商业、政治、文化等领域，涌现出了许许多多优秀的女性代表，让这个社会看到她们绽放的光彩，也为我们树立了榜样。

所以作为女性，我们要做的，是更加积极地面对并融入这个时代，用自己的智慧去化解人生不同阶段遇到的压力，比如结婚、生养孩子等。这些需要花费我们大量的时间和精力，但重点是我们在工作中要如何合理地去安排时间和资源，达到提高工作效率的目的。这，其实就是领导力的一部分。

关于领导力，市面上有很多种解释。我认为，拥有领导力是贯穿我们整个人生的一种理念，这也是我个人坚持并推崇的一种人生态度。我想通过个人和企业的成长经历，分享关于领导力的话题。一是行知：以行求知，以知促行。二是大爱：心怀使命，向善利他。三是诚信：以诚立业，信人信己。四是创造：追求卓越，永无止境。

一、行知：以行求知，以知促行

9 岁时，读书之余我跟着母亲去杭州卖绿豆，当时母亲的箩筐中一头挑着家乡的绿豆，一头挑着 3 岁的弟弟；15 岁，我跟着村里的大人去金华山采茶叶，2 个月的时间我赚了 60 元，给家里买了一袋米，又给自己买了一条漂亮的连衣裙；后来我还去背过水泥，湿滑的泥沙渗进脚底的感受，现在还很清晰；再后来我去工厂上班，出过一次小小的事故，加上感觉并不自由，便跟着一个皮蛋师傅学起了做皮蛋，学成出师后在义乌市场中摆摊，人称"皮蛋仙子"；后来做贸易，又做国内知名保健品的品牌代理，做到华东地区最大，人称"俞姐"。在将近 30 岁的时候，我开始创办实业，一直到今天，还走在这条路上。

从时间段上来细分，我的发展阶段是 1987—1997 年，贸易起步；1997—2007 年，创办实业，开始从事铁皮石斛开发与产业链建设；2007—2017 年，集团化经营，形成科工农贸投多元化的集团公司；2017 年，创建了森山健康小镇，融合第一、二、三产业，持续推动产业发展。

人们总用"十年磨一剑"来形容对一件事情的执着，事实上如果你真正想要将一件事情做好，没有十年工夫是达不成的，这也是我个人最深刻的体会。不要说现今时代更迭速度加快，各种新型业态层出不穷，一两年甚至一夜爆红，赚得盆满钵满的事情也不是没有。但请一定相信，没有经历时间打磨过的，终究是经不起检验的。做产品也好，做人也好，这是一个朴素的真理。

所以森宇集团的发展轨迹也是非常清晰的，概括起来，即一草、一山、一业、一镇：将一棵铁皮石斛仙草做成一个品牌"森山"，然后发展成为一项产业，再以产业为引领，建起了一座小镇。

可以说，这么多年来我一直走在路上。在行走中发现，在行走中创造，在行走中学习，在行走中思考，在行走中看见世界之美，在行走中感知智慧之精妙。

二、大爱：心怀使命，向善利他

每个人来到这个世上，都带着各自的使命，且每个阶段的使命各有不同。每个人要对自己的使命有着清晰的认知。

对我来说，小时候摘茶叶、扛水泥，是我要承担的家庭责任；投入铁皮石斛产业后，攻克"药学界的歌德巴赫猜想"，拯救行业危机，不遗余力发展铁皮石斛产业，是要承担这份产业责任；从一草到一产业，再到一座健康小镇，森宇集团要做的，不只是通过产品去为人类健康服务，更要积极努力弘扬中医药文化，将对产业、对社会的爱以及健康文化理念传递给整个社会，这是一份社会责任。

我一直相信：只有心怀使命和责任，存利他之心，我们努力工作才有意义；也只有与这个社会共同进步，我们才不会凌空虚蹈。这，便是森宇也是我个人的生存哲学。

三、诚信：以诚立业，信己信人

诚信的背后，是尊重，是敬畏。

曾经我还在卖皮蛋的时候，总会习惯性地多给顾客两三个皮蛋。有些客户马虎一些，回去后不会再次清点，因此也并不知道；有的精细一些的客户，清点后发现数量有多余，以为我数错了。提及时，我会说："没有错，是我特意多放的，防止您在路上万一有个磕磕碰碰的，补给您的。"他们不提也罢，但我次次如此。

做贸易时碰到有些客商多选了一些并不好销的货物，我便会提醒他们少拿一些而并非以"多销"为目的；后来种植铁皮石斛时因其生长缓慢且周期漫长，工作人员提出可以适量地使用一些肥料来促进生长，都被我拒绝了。因为我们要做的就是为消费者提供原生态的产品。

这样的例子实在太多。在我的人生当中，诚信其实有两重含义：信人，信己。我们要相信"相信"的力量。相信，是因为洞见，而非简单直觉。

初涉铁皮石斛行业，在几乎所有人都对我产生怀疑的时候，我仍然坚信自己的选择。

当企业转型升级，拟建小镇的时候，人们对此又质疑，我依然心无旁骛。

小镇在工业、农业、文旅、康养等大健康产业功能齐全的情况下，我们又提出做"研学教育"。人们不解，但事实证明这条路又走对了。

当面对不同声音的时候，一定要坚持并专注于自己内心的声音。信人如己。《菜根谭》中说："信人者，人未必尽诚，己则独诚矣；疑人者，人未必皆诈，己则先诈矣。"对朋友，对消费者，对合作伙伴，均须信任有加。

四、创造：追求卓越，永无止境

我喜欢从"0"到"1"的创造过程。

做皮蛋，我是做得最好的那一个；做贸易，我是华东地区最大的保健品代理商；创品牌，"森山"是行业领导品牌；建小镇，我就从一张白纸、一块空地上建起4.06平方千米的健康小镇，三产融合、四生合一、"健康＋教育"、双轮驱动……

现代管理学之父彼得·德鲁克说："创新的成功与否不在于是否新颖、巧妙抑或具有科学内涵，而在于能否赢得市场并为客户创造出新的价值。"在森宇，科技研发和市场营销创新是双轮驱动发展的。森宇集团目前是铁皮石斛全产业链科技型企业，"森山"是旗下主打品牌，也是中国铁皮枫斗行业领导品牌。行业内几乎所有的重量级荣誉都花落森宇。

"一家企业如果不创新，就只有等死。"在很多场合，我都说过这句话。不是为了追求言论效果，而是我这一路走来的体会。二十几年的科研历程，森宇不仅赋予了这棵铁皮石斛仙草渐趋极致的价值，也为浙江、云南、贵州等18个省区的100余家企业直接提供技术支撑，实现铁皮石斛产业技术创新引领，使得铁皮石斛产业在短短十几年间发展成为百亿级的大产业，为发展林下经济、服务大健康产业做出自己的贡献。

创新，是系统化的，涉及方方面面。除了科技创新、市场营销创新，其他如经营机制、用人机制等，都需要创新。结合企业发展，从产品阶段走到服务阶段，再到现在的平台打造阶段，自我发展的需求也是不同的。在当下，我们就致力于一个生态化平台的建设，包括森山健康小镇，吸引更多志同道合的人和团队，在这个平台上实现共建共赢。

在企业以科技为支撑快速而稳健发展的同时，我同样没有让自己停下来，也不敢停下来，我将学习视为我人生最大的福利。

我从中欧学院到清华大学五道口金融学院，再到哈佛商学院，通过不断地学习，不仅适应了自己的内外环境，同时也在不断调整着这个环境，让这份环境提供给自己高质量的信息，实现物质与能量的交换，从而产生更多创新、创造的机会。

这是我的个人以及企业的成长经历，也是我过往的人生故事与一点体悟，正是这些特质形成了我今天的领导力。虽然过去与现在各方面的变化都实在过于巨大，但无论时代如何变化，成长都是一个永恒而艰难的命题，也是一个最有诱惑力的命题。

因此，我不想特别区分男性或女性，或者来探讨女性的特别之处。在这个时代，领导力已经没有性别上的差异。如果你想改变别人，必须要先改变自己，然后用自己的改变去影响别人，甚至改变世界。所谓"正己化人"，说的就是这个道理。

所以，我们最应该关注的，不是所谓的管理技巧，而是更应该向内看，多关注自己内心的成长，保有独立的思想，增进智慧，培养一个有力又有趣的灵魂——会工作，会生活，会爱，会发现并享受这个世界的美好。

俞巧仙：森宇控股集团董事局主席，"森山"品牌、森山健康小镇创始人。全国三八红旗手、全国十佳巾帼创业明星；全国妇女代表、浙江工匠、浙江省优秀企业家；浙江省十三届人大代表；浙江省八届、九届、十届政协委员。

国家林业和草原局铁皮石斛工程技术中心主任，铁皮石斛产业国家创新联盟副理事长，浙江省林下经济协会铁皮石斛分会会长，浙江省女企业家协会常务副会长，金华市女企业家协会会长，国家重点研发计划—铁皮石斛大健康产品研发项目承担者。曾先后荣获国家科技进步二等奖、梁希林业科学技术一等奖、浙江省科技进步一等奖。出版随笔集《秉烛夜行》，与人合著《仙草之首》《兰科重要药用植物高效栽培与利用》等著作。

先相信，再看见

方琴

领导力其实是不分性别的，因为领导力就是一个人对于其他人的影响力，无论男女，都可以拥有卓越的领导力。我仅从一名创业女性的经历和感悟出发，谈谈如何提高女性的领导力。

我的创业史可以追溯到我还在浙江大学读研究生的时候。我目前创办过三家公司，都曾是细分市场的第一名，而且每一家都比前一家规模更大。这是我觉得比较有成就感的。

大学生们绝大多数都有一颗建功立业的种子埋在心中，但是在真正开始之前，可能每个人都会问自己：方向是什么呢？应该怎么做呢？我能行吗？

每个人都有自己的潜力和优势，如果认识并了解自己，就会为自己心中的种子赋予强大的力量。但是非常遗憾，很多人的种子并不会在时光中生根、发芽。所以在决定做一件事之前，需要树立信念，然后才会看见这信念带给自己的力量。但如果你不知道自己的信念是什么，不知道该相信什么，我们又该如何了解和发现自己呢？我教大家几个非常实用的方法。

一、相信自己的潜意识倾向

众多玄幻小说中，我最喜欢的形象是孙悟空。第一，孙悟空具有冒险精神，在陪唐僧去西天取经的路上，他们遇到过很多困难，但他始终天不怕地不怕，九九八十一难也只让他愈战愈勇。第二，他坚毅、有责任感，永远冲在第一线，保护师父和师弟们。当然，孙悟空还有好多我欣赏的个性，比如信念坚定、责任感强、嫉恶如仇、刻苦好学、重情重义、幽默风趣，等等。

我欣赏有冒险精神、果敢坚毅的人，说明我潜意识里也想成为这样的人。另外，我从小就有浪漫的英雄主义情结，非常想当一个流浪诗人，把酒当歌，仗剑走天涯。现在我选择做一名企业家，仔细想来是追随了自己潜意识中欣赏的个性，所以大家不妨也用这个方法来了解自己。

看见自我力量的第一步，就是认识自己，然后相信自己能成为那样的人。

二、保持对生活的观察，相信自己的发现

读研时，我发现科技翻译这个细分赛道人才非常紧缺，所以创办了翻译公司，这是我的第一个创业项目，可以说完全是来自于生活中的观察让我发现了机会。我建立了以科技翻译为主的网站，又顺水推舟注册了公司。通过建立网站、开展电子邮件营销和搜索引擎营销等方式，更精准、高效地寻找目标客户；通过网络来管理兼职人员，分门别类地为他们匹配任务，比如一份光电领域的资料，光学专业的博士生肯定比英语专业的同学翻译得好。除了保持敏感性，也要从自己的优势出发，比如我英语比较好，读的又是工科类专业，所以认识较多英语好的工科同学，做这件事的可行性才很大。当时我比较着急地想证明：我不只会空谈理论、吟诗作对，也能实实在在用自己的知识和技能赚钱。同学们如果也想找到机会，就需要在好好学习的同时，竖起自己的小触角，仔细观察生活。就如罗丹说"生活中并不缺少美，而是缺少发现美的眼睛"，生活中也不缺少机会，而是缺少发现机会的眼睛。

三、相信自己的兴趣指引

每个人做的决定很大程度上是由自己对世界的理解所决定的，看似偶然，实际上与你的生活经历、性格特点以及从小生长的环境息息相关。上学的时候，我发现自己对商业、经营的兴趣大过科研，所以就放弃了直接攻读博士的机会，转而考入浙江大学管理学院。研究生毕业后，我坚定地认为互联网将深刻改变世界，因此加入了一家互联网创业团队，从事个性礼品定制网上零售业务。从 CEO 助理做起，加上对经营管理的热情，以及不服输的劲儿，我带领公司连续五年每年业绩翻三番。经营管理对我来说非常有吸引力，所以我会一门心思钻进去，探索尝试让公司发展壮大的方法。这样的兴趣让我产生了强大的自驱力，否则我可能觉得这是压力而不是动力。

四、相信自己的思考和判断，并坚定不移地执行

很多大学生都想创业，我给大家的建议是先懂自己，再找最合适的赛道。如果找到了合适的机会和合适的赛道，一定要相信自己的判断并不遗余力地去做。这里跟大家分享"三个坚定"。

第一个坚定是：选择一个赛道然后 all in。

在创立"衣邦人"之前，我对自己进行了这样的分析：具有较强的消费者需求洞察力，懂得互联网营销的基本原理和各种玩法，具备团队管理经验，并向往做更有影响力的事情。结合过去的创业经历，我认为，如果整个礼品市场是千亿级规模，那么恋爱礼品市场可能只有十几亿级，如果想做真正有影响力的事情，我应该选择一个足够大的市场。如今 90 后、00 后的自我意

识已经觉醒，他们不再追求标准化而更注重个性化的表达，这使得"定制"成为撬动市场非常有效的一个关键词。经过思考，当时我觉得有两个细分赛道比较适合自己，一个是服装定制，另一个是家具定制。两者都具备"市场容量足够大，且原来的商业模式存在一定的缺陷"等特点。

基于过去做礼品定制的创业经验，我进一步研究服装和家具领域的定制模式，判断这套逻辑在这些行业是否适用。通过一系列调查，我发现家具行业市场大、品类多、行业深，比如定制沙发和定制窗帘的供货流程不同，不能通过单一方案来解决。相比之下，服装行业虽然也有很多品类，但制造方式总体相似，我有机会寻找到一个高效的方法来重新定义服装行业的供应链。

2014 年 12 月，我坚定相信自己看到了服装定制的机会，当即决定卸任礼品定制公司的 CEO，从零开始，再次走上创业之路，创办"衣邦人"。通过周密调查并且做了决定后，就需要一种"飞蛾扑火"的态度。All in or not at all，这是一个创业者必须要有的坚定。

第二个坚定是：确立一种全新的商业模式。

在确定商业模式前，我思考的是：为什么样的人解决怎样的需求？通过对各类群体特征的分析，我们发现 20～50 岁的商务男性对着装和形象有"得体"的要求，这个要求既不高也不低，非常符合大规模定制的特点。"衣邦人"摒弃了传统的门店，采用互联网营销的服务流程，通过线上预约、上门量体、现场确认订单、大规模定制、快速物流，大大减少成本和取货周期，通过低于传统定制的价格、便捷的购物取货流程和较高的品质保证吸引客户。"衣邦人"因此成为服装定制行业中最新引入"互联网＋上门量体＋工业 4.0"的 C2M 模式的首家企业。传统服装行业整体的变化是比较慢的，在"衣邦人"进入服装定制行业前，这个行业规模最大的品牌一年销售额是两亿到三亿元人民币，它经营了 25 年，在全国有 60 家店面。所以"衣邦人"进入市场后的表现引起了行业较大的关注，"衣邦人"被同行比作创新者、搅局者。

我们重新定义了服装定制的购买流程。当客户有了不一样的体验、不一样的价值主张，新的品牌就形成了。其实"衣邦人"的名字是在创立4个月后才确定的，创立这种模式的7年时间里，它从一个备受质疑的商业模式到现在成长为行业第一的准独角兽企业。

第三个坚定是：数字化带来的能量。

服装行业，不仅是连接人和人，还要连接消费者和产品供应链。从一块布料到交付给终端消费者，经历的环节很多，数字化可以让这个链条上的每个环节焕发新的生机。企业数字化转型不能仅仅止步于业务数据信息化，管理者还需要重新思考商业模式的数字化、产业链条的数字化。这是一条漫长的路，但我相信要坚持做有价值的事情，做时间的朋友。with time，一切价值终会呈现。

从翻译到礼品定制，再到服装定制领域，作为一个连续创业者，我在"赛道"的选择上有一个不变的底层逻辑。这三段经历的共通之处是，都应用了数字化的能力。这也得益于浙江大学的教育，让我一定程度上对数字化的意义和如何高性价比地投入，比同行业的从业者有更深的理解和更快速的实践。以前很多人不能理解我对数字化的执着，但当新冠肺炎疫情来临时，"衣邦人"的表现可以说惊艳了行业里的所有人。比如供应链方面，数字化程度不高的门店可能非常依赖于单一工厂，如果工厂在疫区，那么供应链就崩溃了。而我们拥有相对开放的供应链，依靠数字化能力进行调配管理，还有优秀的客户管理和私域流量运营，不仅生产交付一直都是正常的，甚至2020年还实现了逆势增长。

五、相信自己能为这个世界带来一点改变

我创立"衣邦人"的初衷是想帮助男性穿着更加得体。在"衣邦人"的不断努力下，越来越多的男性客户从在实体店购买或网购成衣，转为在"衣邦人"定制服装。目前"衣邦人"已经吸引了400万左右用户，能为全国1903个县市用户提供上门量体定制服装的服务。在以前，服装定制还是奢侈的，只有一小部分人能够享受，我们通过强大的供应链和全球直采面料的优势，让服装定制变得高贵但不昂贵，不仅让大众能轻松享受，而且也改变了人们的消费习惯。此外，我们还赋能传统工厂，推动工业4.0的发展。"衣邦人"创立之初，仅有几家合作工厂，主要原因是能承接单人单版柔性定制的工厂比较少，但"衣邦人"通过制造业订单信息化、供应链管理数字化、传统工厂智能化提升、产业融合标准化推动等一系列举措，为一些不具备柔性生产能力的供应商提供更柔性的生产方式、更敏捷的定制供应链，致力于形成企业上下游、产业链上下游的数字化协同生态，赋能合作伙伴，提升定制生产效率，革新定制生产方式，破解传统服装工厂转型升级的痛点，探索构建服装个性化定制的"云端工厂"模式。过去，很多工厂需要人力去接入很多版，需要人工推版和复核，需要一整支版师团队，没有定制经验。在应用我们开发的数字化供应链管理平台后，一个月左右这些工厂就可以完成定制生产线的部署，不需要人工介入，就能实现制衣各环节的实时追踪，还能保证更好的品控。

另外，我们创造了一种新职业——着装顾问。因为我们的新模式需要有上门量体的人员，相应地着装顾问这一职业就诞生了。她既是一个传统服装定制店的量体师，也是一个服装搭配师，运用学习到的专业知识，为客户提

供一整套着装解决方案，还需承担销售的角色，完成业务指标。虽说我们的着装顾问都是 20 岁出头的年轻女性，但一位着装顾问年平均服务客户数约 350 位，每个人私域维护 1000 多名客户。别看她们年纪轻轻，服务和定制经验绝不亚于一位老裁缝。

另外，我们还创造了行业性节日。"99 定制节"是"衣邦人"发起的每年度最受消费者关注的重要节日，2020 年活动期间，"衣邦人"西服定制销量达到同期的 327％。2021 年，"衣邦人"秉承与全行业互助互惠的精神，联合中国服装协会发起"99 定制周"，将这一节日 IP 分享给全行业。一方面，助力打造服装定制行业的品质购物节，向广大消费者普及服装定制文化；另一方面，我们也希望通过合力传播和活动促销进一步扩大影响，提升零售商和供应商的订单量，推动整个供应链上下游顺畅合作，形成服装定制产业的良性联动效应。

六、相信"鱼与熊掌可以兼得"

我创立"衣邦人"的时候，很多人和我说，女人不要太拼，创业太累没时间顾及家庭和孩子，就算事业成功了，家庭不完美也是失败的。但我想跟大家说，事业和家庭是可以兼顾的。我是两个孩子的妈妈，每天回家能看到他们就觉得很幸福，周末也会陪他们去上兴趣班。我会和他们一起上书法课，因为我觉得，与其等待孩子们下课，不如抓住这个时间陪孩子们一起学习。只要你内心真有这个意愿，一定能够抽出时间陪伴家人。当然，创业需要投入超出一般人的工作时间和学习时间，女性创业者不可能像全职主妇一样承担那么多家务劳动，这一点也要与家人积极沟通，争取他们的理解和支持，这对于创业者来说非常重要。

相信自己，从内而外发现自己的力量。在创业的过程中，不管是男性还是女性，面对的困难是一样的，而女性领导更有她的优势：更周全平衡、更富同理心、更善于沟通、更柔韧抗压。在困难面前不论何种性别，都需要一颗勇于直面艰难险阻的心，正如我的座右铭——先相信，再看见。希望大家不断地去探索发现这个世界，相信自己，发挥优势，不断获得成长和强大的力量。我始终觉得，当不认为女性力量与男性力量有区别的时候，女性才拥有了真正的力量。

■ ⋯⋯⋯⋯⋯⋯⋯⋯⋯⋯⋯⋯⋯⋯⋯⋯⋯⋯⋯⋯⋯⋯⋯⋯⋯⋯⋯⋯⋯⋯⋯⋯⋯⋯⋯⋯⋯⋯

方琴：衣邦人创始人、董事长兼 CEO，毕业于浙江大学，是一名连续创业者。现任杭州市钱塘区第一届人民代表大会代表、中国服装协会定制专业委员会副主任委员、浙商总会时尚产业委员会创始会员、杭州市青年联合会委员、杭州浙江大学校友会副会长、杭州浙江大学校友会计算机和软件学院分会代会长等。

梦想是可以抓住的希望

胡婕

  说到主持人，很多人觉得这个职业有些神秘。确实，因为一些渲染，这个职业很容易被戴上一个绚丽的光环。但同时，随着大众传播的普及，这几年主持人也在慢慢走近大众的生活。网络主播的崛起、记者队伍的扩大，让演播室里的主持人选择"走出去"，接受大众的检阅。

  我是一名双语主持人。很幸运，我可以在电视机前用中文和英文播报新闻、采访经济学家、翻译重点活动。无论是 G20 峰会、杭州亚运会各项准备活动，还是世界互联网大会，我都有机会向世界传递中国声音。幸运的同时，是双倍的付出，保持自己一直"在线"的中英文双语水平，两种语言的相互转化和对国内国际事件的双向关注是对我每一天的挑战。

  中英双语主持人这份工作看上去"高大上"，确实它也给我提供了接触世界最前沿思想、对话全球最顶尖人物的平台。但是作为一个普通女孩，我想说，如果你从小拥有梦想，并且目标坚定，即使你的起点并不高，你依然可以通过自己的奋斗在梦想舞台上绽放光彩。

一、对于专业性强的工作，要从小有意培养，
抓住一切机会训练自己

我从小爱好文艺，是学校各个活动的小主持人，这对我的普通话表达很有好处。但是我的第一个英文单词是初中才开始接触的，所以在英语学习上，我的起点并不高。受制于时代的影响，学习途径也很单一，除了电视就是广播。在这样的环境中，要说一口地道的英语是非常不容易的。

初中时，我就给自己定下了极为严格的英语学习计划。

首先，要愿意花苦功夫坚持。每天早起听半个小时的英语，通过不断模仿磁带里的领读，让自己的读音接近"原音"；每天晚自习回家，看半个小时的英语新闻或者英语节目（当时只有央视九套英语频道可以学习），增加自己的词汇量和语感；每周必须留一个下午观看英语原版经典电影，收获原汁原味的英语表达方式；每学期必须读两到三本原版英语小说，让自己有沉浸式学习英语的机会。

其次，寻找一切英语对话的机会。20世纪90年代末至21世纪初的杭州，唯一的英语角在杭州西湖边的六公园，每周日早上开放，还只有一两个外国人。我就抓住机会尽可能多地和外国人聊天南海北，把自己一周学习的词汇量全部"再输出"一遍。

最后，永远要比别人多走一步。高三时，下课和晚自习之间有一个小时吃饭休息的时间。其中，我只用20分钟吃饭，剩余的40分钟用来自学《新概念英语》。一个学期下来，别的同学可能还在学习教科书上的内容，我已经"默默地"能够背诵《新概念英语第三册》中30多篇文章了。

大学时，我意识到未来工作可能并没有大块学习考证的时间，于是就把

英语专业八级、上海高级口译证书随同翻译证书全部考了出来。

中英双语播音与主持，是一个对专业性要求非常高的专业，因此"半路出家"，会有一定难度。从小有意识的培养，能够让自己"本能"地散发出播报气质。

我的父母都不会外语，也从来没有在我求学期间带我出国游学过，我接触外语也是12周岁以后，错过了传统意义上学习语言的黄金期。但是我始终认为，人只要有兴趣、有目标，周边的环境不是最大的问题。美国文学家爱默生曾经说过一句很经典的话："一个人只要知道自己去哪里，全世界都会给他让路。"我想这是有梦想的人可以抓住的最大希望。

二、机会稍纵即逝，要拼尽全力抓住不松懈

带着学生时代的"意气风发"进入浙江电视台工作后，我便陷入了深深的迷茫中，因为这里的人才实在太多了，而且电视对人的素质要求是综合性的。当初的"学习好"，已经不完全能够让我站稳脚跟了。我需要有良好的形象气质、灵活的沟通能力、光鲜的展示平台……但即便如此，如果没有一些特别的机会，在茫茫的人才大海中，我依然只是沧海一粟，依旧随时会在优胜劣汰的媒体大潮中渐渐失去竞争力。

作为以"主持人"身份考进电视台的我，因为各方面经验还不够，入职的前几年，大多数时间都在做幕后工作：后期制作、送带子、订盒饭、帮别的主持人递稿子、接投诉电话……能做的我都做了个遍。有一次，还因为搬现场道具（一张特别重的沙发）而闪了腰。有过委屈和不甘，但是我从来没有放弃过心中的梦想。平凡的工作给了我全方位的历练，也给了我更大的力量——一定要找到那个可以让自己展现的机会，绝不能放弃。

我觉得在职场中，对机会的敏感度是至关重要的。工作不像读书，有相对明显的竞争标记（比如每一次的中考、大考）。工作中，很多机会是无形的，需要你自己去发现、挖掘，然后牢牢抓住。

2016 年，工作八年后，我迎来了自己工作的转折点——在杭州召开的 G20 峰会。

（一）准备——全力投入

我意识到，G20 峰会是个千载难逢的机会，因此在 G20 开始前两个月，我就在温习跟经济类有关的话题和专业词汇了。每天下班后，我都会花时间研究 G20 官方网站，打开英文版，下载一些最新发布。*China Daily*（《中国日报》）、*Wall Street Journal*（《华尔街日报》）、*Financial Times*（《金融时报》）是我主要研究的媒体，看看各方媒体观点，以及他们对绿色金融、结构性改革等话题的一些理解。

为了让自己的口语恢复到最好的状态，我请了同样是新闻专业出身的美国朋友 Eddy，每天陪我一起练口语。下班后，我会把一些有代表性的文章打印出来与 Eddy 共同探讨，模拟采访内容、专访形式，一会扮演采访者，一会扮演被采访者，让自己的英语访谈水平达到最佳状态。

当然，利用碎片时间恢复自己的泛听能力也非常重要。刷牙的时候，打车的时候，散步的时候，我都打开着 BBC（英国国家广播电台）、CNN（美国有线电视新闻网），听各种口音的英语，让自己的听力能够快速识别各个国家的英语口音。

两个月的集中训练，让我的英语水平终于恢复到了最佳状态。在这里我也要感叹一下，在国内非一线城市，又不在外企工作，要让自己的英语水平始终保持在开口就来的地步，实在是挺费劲儿的。

充足的准备是做好了，但是我的机会在哪里依然不知道。唯一的通道是，集团选拔了十几名英语记者去 G20 峰会报道组帮忙。但是做什么，能否出镜，依然是个未知数。我是那十几名英语记者中的一名。

（二）提问——巧妙争取

G20 峰会的预热阶段，我依然做着电视的幕后工作，翻译、校稿、上字幕。因为前期的充分准备，带我的领导对我的英语水平很放心，但也仅此而已。

G20 峰会开始之后，我们后方要选派几名英语好的记者去前方支援，因为之前的幕后工作做得踏实，我得到了去前方的机会。当然，我只是去的 5 名记者中的一名。至于去做什么还是未知，但是能够去前方，就意味着有希望。

到了前方，领导说我们几名记者第二天可以去参加几场新闻发布会，看看能不能发回一些报道。因为外语优势，我被派去了时任联合国秘书长潘基文的发布会。

前一天晚上，我就在想，虽然很难，但是我第二天要争取一个提问机会。问题先准备好，伺机而动。

我记得发布会是在 2016 年 9 月 4 日上午 10 点开始。进场后得知，整场发布会只有英文，没有翻译。9 点半不到，会场就挤满了世界各地的记者，后排、走廊和过道都已经水泄不通了。来自世界各地的媒体都汇入这个发布厅，打算与联合国秘书长来一个零距离接触。在这样一个场合，一个地方媒体想要争取到向联合国秘书长提问的机会几乎为零。而我身边的央媒记者、凤凰卫视记者也早已"蠢蠢欲动"。凤凰卫视记者为了引起提问官员的注意，甚至把手机壳做成了他们的台标 logo。这时候，我观察到，会场旁边的一位新闻官有可能是点名提问媒体的官员，我想可以提前去沟通一下。于是我就悄悄走到那人旁边，用英语做了简短的沟通。我告诉他，我是浙江电视台的记者，我们的频道，全省人民都会收看。这次 G20，我们本土人民也有问题想问秘书长，希望他能给本地电视台记者一个提问的机会。说到这里，"点名官"似乎有些动容。因为找他沟通的人太多，我怕他记不住我，就又强调了一句，我是坐在第三排靠左边穿蓝色外套的记者，希望他能记得。这样一说，似乎让他加深了印象。

回到座位后，发布会正式开始，潘基文秘书长简单开场以及表达了对杭州举办峰会的祝贺之后，提问环节就开始了。前三个问题，"点名官"似乎是早已安排好，因为他能说出记者所在的单位。眼看着时间不多了，我一直往"点名官"方向看，希望他能注意到我。人群中，寻找他的目光很不容易，到第四个问题，他终于点了我——第三排靠左蓝衣服的来自本地媒体的记者。

虽然心里有些紧张，我还是自信地用流利的英语进行了提问。对于这个问题，潘基文秘书长的回答是最长也是最具体的。而这个问题回答完毕后，点名官宣布发布会结束。我们团队的人都激动地颤了一下，原来我刚才的问题是最后一个。我竟然在仅有的四个问题中，争取到了最后一个提问机会！

这次提问对于浙江台来说，并不是提前规划的，完全是争取得来的。而这份争取的背后，有两个月准备的精心付出，有团队共同的策划，也有我在与"点名官"沟通时的"动之以情晓之以理"。所以，机会永远不是肉眼可以"看到"的，是你用敏锐的嗅觉"闻"出来的，是你以极快的速度抓住不放得来的。

幸运的是，G20 的提问之后，我在台里有了更多的"知名度"，也让更多的双语主持机会"靠"向了我。有的时候，机会真的只有一次，抓住了，就上了。所以面对机会要像鹰一般的锐利，绝对不能放弃。

三、没有走在前列也是一种风险

G20 之后的路就顺利了很多，我正式从幕后转到了台前，拥有了属于自己的新闻节目。几年后，因为研究生阶段"财经新闻"的专业学习经历，我还拥有了自己的财经访谈节目。工作上似乎越来越顺了。因为之前的外语能力被集团了解，所以每年的世界互联网大会，我还会被派去乌镇，完成特别访谈"胡婕访大咖"。当一切都在向好的时候，新的危机来了。

在这里，我得深刻剖析一下自己。人，是很容易有"固化"思维的，也很容易被自己过往所谓的"成功"而束缚。追赶他人容易，突破自我太难。后面的几年，当我沉浸在传统媒体的运作和传统主持人的打造上时，新媒体、短视频以迅雷不及掩耳之势扑面而来。很多主持人在那几年转型很快，迅速占领了新媒体阵地，而我依然把所有的精力放在传统媒体上。没多久，我就落后了。身边不断有人说："你们某某主持人我很喜欢，她的小红书粉丝好多呀"，"我现在不看电视，只看抖音，你们某某主持人的抖音号我经常刷到，做得真不错。"瞧，一不小心，战场变了。

原来，要"勇立潮头"还是需要持续不断的自我革命的。

这时我才深刻地意识到，要做好一名主持人，或者做好一份工作，需要让自己不断"归零"。每一天都是新的，每一天你都会领先，但别人也都有超越你的机会。

于是，抖音、小红书、视频号，我一个个开起来了。虽然已经赶不上第一波红利，但总归不能落后太多。尝试、运作，看看能不能让自己在传统媒体和新媒体两条赛道上同步发展。

下一个赛道在哪里？会不会当我继续专注于自己事情的时候，又落后了？

不过至少，我已经有警惕心了：没有走在前列也是一种风险。所以，尝试着去引领，而不是仅仅跟随。这对于每一位职场人来说，都是考验。

梦想在前方，每一个人都有抓住它的希望。

■ ....

胡婕：浙江省青联委员、浙江电视台双语主持人。担任多届世界互联网大会中英双语访谈主持人，世界油商大会、世界旅游联盟大会、世界布商大会双语主持人；担任一系列亚运会倒计时活动和重点发布活动主持人。

推开晓风的门

朱钰芳

很多人了解晓风书屋是因为它在杭州已经 26 年了。位于杭州体育场路的晓风书屋，是我和先生在 1996 年开办的第一家书店，也是杭州晓风书屋的总店。我们当时开书店的初心，是我俩上学的时候都爱看书。高中时，我先生是学校的团委书记，他号称自己"把学生的图书馆看完了，还把老师的图书馆看完了"。所以后来走进这一行业，也确实是因为我们自己的热爱。

我的第一份工作是在西湖边的三联书店，这家书店在 10 年前已经没有了。当时这家书店应该是杭州最具地标性的一个文化书店，后院是西湖，非常美，非常有人文特色。我在三联书店工作了三年后，想开一家属于我和朋友们的小小书店。当时没想做大，所以叫晓风，就像西湖边早晨的清风。我的大女儿也叫晓风，是 2000 年出生的，比书店小 4 年。那么多年还留着这点初心，我觉得还是蛮骄傲的。

经过 20 多年的经营探索，现在晓风书屋已经在杭州开办了 22 家各具特色的书店，分布在博物馆、社区、景区、高校等，甚至还开进了医院，面向不同的阅读人群提供相应的阅读服务。

一、晓风与它的朋友们

不少朋友都是开店之初的第一批读者。对他们来说，晓风书屋就像自家书房一样熟悉亲切。体育场路总店的书架都是 20 多年前做的，即使破损也是修复好后继续使用，天花板上的电灯泡一直没换过新的式样，地板也已经磨得发白。这一切都是应读者的要求，继续保留晓风书屋当年的风貌。20 多年来，书店里发生了太多让我们难忘的故事，很多读者都是我们看着长大，有读者在书店相识相爱，还在这里拍下了婚纱照。晓风书屋不仅有书，更有人情味。这种温暖也推动着我们继续把书店办下去。

有两类人是晓风最重要的人：一类是来书店的人，另一类是我们在书店一起齐心协力干活的人。我想分享几个故事：

第一个是浙江美术馆的李向阳老师。他给我画过一幅两个桃子的画，画上有题款："晚饭后逛晓风书屋体育场路总店，遇老板朱钰芳，得奉化水蜜桃，归而写之。"2014 年的时候，别人寄了水蜜桃给我，放在书店，我随手送了两个给这位画家李向阳老师。2017 年，我在一张报纸上看到这幅画，跟李老师说"您给我们画了桃子我都不知道"，第二天他就把画送到了我们丝绸博物馆的书店。这两个桃子我虽然已经送出去 8 年了，却还"留"在我的书店里。

第二个是浙江工业大学的陈炜老师。杭州有一个公园叫弥陀寺公园。这个公园不大，而且不在马路边上，但它很有故事，里面有杭州最大的摩崖石刻，叫"石经阁"。背靠的山南宋时叫霍山，明朝叫棋盘山，到了清朝建了弥陀寺，就称弥陀山。弥陀寺 60 年前凋零，老百姓就把棚户搭进去了，成了一个大杂院。七八年前，政府进行了大改建，把公园里棚户的房子拆迁了，露出有山有水的文化公园。改建完以后，街道社区让晓风共同参与做公园在地文化。2021 年新冠肺炎疫情严峻，怎么开书店？怎么做？我找到了浙江工业大学设计与建筑学副院长陈炜，他以前就在这片区成长、玩耍，对这片土地有超过我们的热爱。陈炜带着他的研究生和晓风团队共同规划出弥陀公园的新符号，设计文创，开展多样互动。现在弥陀寺公园里的晓风不仅是个书店，还是一个在地文化的打卡点。在这家书店里，我们把近 3000 种杭州文化相关的书整合在里面，有书店人和艺术家共同规划的多元方向。我很高兴能邀请到跟晓风一样有理念的文化人一起投入进来做文化事业。

更多的时候，我觉得书店其实就是一个大家的客厅、大家的书房。晓风有 30 万名书店会员，嘉宾作者有全国各地的，有从海外来的知名作家，迄今为止共举办公益读书活动、沙龙 3600 余场，每一位参与者都是晓风身边简单生活的平常人，但他们都是我们最重要的人。

二、晓风与公益

作为一家在地生长多年的人文书店，"书选得好"是书友对晓风的认可，也是书店人的初心，但是疫情的严峻让书友止步了。书店没有读者怎么办？

我们当时想了很多办法：直播、闪送加企业社区上门书展……公益是晓风多年坚持的，带着书友们一起参加公益活动，他们信任晓风。几乎每个周末，晓风书屋的各个分店都会举办免费的读书分享活动，这些年我们组织书友共同去资助过 40 多个乡村学校的图书馆。

我的好朋友央视站长何盈，她在 10 年前翻雪山去西藏的墨脱。墨脱是中国最后一个通公路的县城，它在中印边界，在最险最深的雅鲁藏布大峡谷边上，喜马拉雅板块断裂地带，所以那条路常塌方。到墨脱最后的 30 公里有近 200 个修路工人在保障道路，可一年仍有 200 天这条路会出现塌方。大家在想，墨脱这么难，为什么墨脱的人不迁出来呢？因为他们是我们的边境人，是我们守卫疆土的中国人，所以墨脱虽然这么险，仍有数以万计居民留守常驻。

何盈告诉我墨脱终于通了公路，但是给孩子们的物资还远远不够多，比如没书。给孩子们送书去成了我们共同的愿望。于是我们连同一些媒体朋友，共同策划了一个"运一车书去墨脱"的公益活动，希望家长能带着孩子们参与这个活动。捐书消息发出去三天，我们各门店收到了近 1 万册捐书；整个征集活动 20 天，我们收到了 13 万册书，价值近 200 万，我都懵了。我们所有门店的同事每天都在到处接书，有的人送书过来，有的人联系我们上门去收。我们当时要求要把最好的书送到墨脱孩子们的手上，所以我们还对收到的书做了严苛的挑选，最后整理出 11 万册图书。公益支持的中通快递派出一辆 16 米长的大货车帮我们速递爱心图书，大货车到达四川境内换成两辆 8 米的货车，到达林芝境又因为盘山路换成 4 米的货车，这一路爬山涉水，终于在 8 月，我们爱心车队将书送达墨脱孩子们的手中。我们希望墨脱的孩子通过阅读插上展翅飞翔的翅膀。

杭州有一个雕版印刷的国家级非遗传承人叫黄小建，今年 74 岁，从 24 岁开始刻书，到如今整整 50 年。老先生把自己定位成一个匠人，从来没想到还能够拥有一场自己的小展览。今年 8 月底，他儿子告诉我说：爸爸得了心梗，身体每况愈下。这一辈子老先生刻了很多宝藏书，许多晓风都销售过。和同事们一商量，我们决定为他办一场属于他个人的小小展览，把他 50 年以来的代表作品陈列出来，让更多的人知道黄老师的艺术价值。10 月底，在弥陀寺公园的非遗馆，黄老师的展览开幕了，他很多老朋友都来到了现场。老先生在现场感动得掉泪了，我们觉得书店参与这件事很有意义。

我们还为一位山西的老太太办过剪纸展。她是我朋友的妈妈，在杭州帮子女带孩子。我的朋友是书法老师，每次写对联的时候会多出一小段红纸，老太太就拿多出来的那一段开始剪，一下子剪出一堆窗花来。我朋友送给我她妈妈剪的窗花，我一看很喜欢，问她还有多少张，可以拿来在书店办个小展览。于是我们悄悄地把老太太剪的窗花纸拿来，用卡纸裱了挂在书店里面，展示给书店的书友们看，并选了一天把老太太请到书店来，她看到自己的展览激动得不得了。这件事情对我们来说可能是小事，对她来说却一定意义非凡，一是出于孩子的孝心，二是她自己的才华也被人认可。

所以书店不仅仅是卖书的地方，我们更希望变成一个文化场所，让更多的人在这里有共鸣，有更多自己的价值体现。

三、晓风与杭州

这几年我们的书店开在杭城的不同地方，比如浙大紫金港校区古籍图书馆、湘湖边的城山广场、新新饭店大堂吧等。我们让每一家书店都有自己的主题特色，例如杭州最重要的文化：丝绸，我们在中国丝绸博物馆建立了一个丝绸文化的课题式书店；还有世界闻名的西湖茶，我们通过在地的茶元素开了一家茶空间书店，有书有茶，还有很多社交的空间。

晓风现有 22 家门店，可以分为五种类型。

第一种就是社区书店。最老的是在体育场路开的那家。很多孩子是我们看着成长的，放学了就在书店里看书、做作业，等父母来接。26 年了，这些曾经的孩子长大了，也带着他们的孩子来书店。

第二种是博物馆书店。例如丝绸博物馆、杭州博物馆、海塘博物馆、中国江南水乡文化博物馆、良渚博物院等，它们有自己的主题。比如中国丝绸博物馆我们有近 7000 种跟丝绸文化、丝路文化相关的书，应该说丝绸文化或者服饰文化相关的书籍，我们书店是最多的，这点我很骄傲；另外我们还有近 2000 种跟丝绸文化相关的文创产品。良渚博物院也一样，我们想办法把文物、考古类的很多书籍收集到良渚博物院书店里面。观众不仅能到博物馆看展览，还能在这里找到和展览相关的书带回家，继续增加对博物馆的了解。这就是我们书店能落地生根的原因。

第三种是医院书店。浙江大学医学院附属第一医院和浙江省人民医院里面都有我们的书店。记得有一年大年初一，我们放假了，值班同事发照片给我：一个妈妈在给挂点滴的孩子翻书，小女孩看着书，感觉这个挂点滴的痛苦都减少了。后来，央视白岩松团队专门到杭州来看这个医院书店，对医院里"点滴的阅读书房"做了连续报道："新闻一加一""新闻周刊""两会特别报道"等，引起不小的轰动。一家开在医院里的书店，能够让病人减少一些痛苦，能让医生在忙碌闲暇间休憩，翻开一本自己想看的书，得到心灵的慰藉，我觉得书里会是另外一个世界。

第四种是景区书店。西湖边的新新饭店晓风、大运河畔的晓风和湘湖畔的城山晓风，每一家都有厚重的景区文化。

还有第五种是大学书店。我们在浙大紫金港的晓风有 18 年历程，杭州师范大学的晓风也已经 6 年了。师范的晓风很美，有大扇的落地窗，有 103 个座位，我们希望师大的孩子们在书店看书、喝咖啡、上课交友，未来走上教书育人的岗位，能带着孩子们走进实体书店，感受实体书的美好。我们把大学高校里的书店比喻成"little tree"，这棵树不一定要长多高，但是根一定要往下扎深，扎得越深，能得到的养分就更充沛。

杭州有很多漂亮的景点，也有很多历史典故，我们希望让更多人通过读

懂一本书来读懂一个城市。比如北山路的老房子，近百年住过多少名人；比
如湘湖边的 8000 年跨湖桥文化、良渚的 5000 年玉琮文化……我们请了很多
作家或者编者带着读者一起去行走，"跟着作家带一本书读一座城"，是晓风
一直致力在做的。

提到杭州，肯定要提到一位我非常喜欢的艺术家丰子恺先生。他太厉害
了，书法、散文、小说、篆刻、音乐、美术……样样精通，更重要的是他在
杭州生活了很多年，他非常多的作品里面都有杭州的印记。很多人到杭州逛，
想买点杭州相关的纪念品就会走进书店。我们希望让人带走的是具有杭州特
色的文创品，于是我们找到了丰子恺先生的家人进行合作，成立了一个文创
公司，做了很多跟丰子恺先生有关的文创产品。丰子恺先生的家属也有他的
不少作品、日用品，我们也拿来做了很多主题展览。鉴于这两年疫情的背景，
我们把展览主题取名为"生机"，希望所有人都能在他的画作里面感受到力量。
"生机"展览去过学校、美术馆、博物馆、图书馆……数以万计的观众参观
过展览，展览衍生的文创也带动了不少的销售量。

四、坚守的晓风

这么多年，我的很多同行都转行了。一个原因是这个行业的利润很薄，
另一个原因是觉得难以看到书店的未来。我们对书的要求很高，每家书店的
书基本上都在我先生过目后才能上架，为每个读者找到最好的书是晓风的初
心。一个好的作家写一本书不是两个月能写出来的，可能花上两年、二十年
甚至一辈子才能写一本书，然后给出版社，最后再放到我们书店的书架上。
全国每年出几十万种书，到晓风的只有 4 万种，这 4 万种是在几十万种书里
选出来的，所以每一本书走到晓风其实已经很不容易了。它是一个精神的集

结，是智慧的集结。开这样的书店我很骄傲，因为我可以上下通达 5000 年，书店里头全是宝藏。

2014 年 11 月，李克强总理来晓风，给我们打了一剂强心针。他问我书店现在怎么样？我说现在压力挺大，因为有 Kindle，有网络购书，有电子阅读，这太方便了，对实体书店的影响也很大。总理说，虽然实体书店受到了网络的冲击，但是纸质书还是永远会有市场的，是文化的象征。

疫情这三年对晓风来说考验是非常大的，因为大家把门都关起来了，学校的门关起来了，博物馆的门关起来了……但是我们得让读者们知道我们还活着，所以我们开始接触网络。之前这方面的宣传我们做得不多，因为我觉得实体书店很美，没必要全世界宣扬，而且晓风也不大，我们只要略有盈余就能活下来，所以也没有投入太多在互联网上。但是，疫情让我们不得不想办法告诉没来书店的朋友、读者以及关心我们的人，我们还活着，所以我开始跟着同事去参与互联网的推广。

我虽然没有在浙大读过书，但在西溪校区汉语言文学专业听过一年的课。我非常欣赏竺可桢校长的两问"你到浙大来做什么？将来毕业后做什么样的人？"我觉得这两句话就像是我的座右铭，你来开书店是想要干什么？你未来想把书店开成什么样的？这也就变成我的理想。我觉得我们要把书店开得有精神，有特色，让大家知道你的书店原来那么顽强，你的书店原来有那么多好玩的故事，你的书店原来做了不少公益活动。晓风能够走到今天，一定是被呵护、被关爱的，是在顺势扎根、顺势生长的。

这么多年我们一直在坚守，也会继续坚守下去。

朱钰芳：晓风书屋创始人，杭州晓风图书有限公司总经理，杭州子恺艺术有限公司总经理。中国书刊业发行业协会副会长，浙江省书刊业协会副会长。2020年度全国十大读书人，全国书刊发行业协会先进工作者，"十三五"民营书业最具影响力人物。

经历和选择

陆盈盈

　　我是做自然科学研究的，经常会被问及职业和人生选择的问题。毫无疑问，科学最需要的是严谨，但说到人生态度，我向来是随性从容一些。我很喜欢《了不起的盖茨比》这部作品，人生就是如此，向死而生，每个人都以不同的速度走向死亡，这是我欣赏的人生态度。在此，我从青年女科学家的角度，谈谈我在每个阶段的选择以及感悟。

一、先蓄力，再选择

　　我们总是会说选择大于努力，但大部分时候我们并没有那么多选择。

　　有的时候，不是你的选择决定你去哪里，而是机会决定你去哪里。中学期间我的学习成绩比较稳定，当时比较稳妥的高考目标是省内高校，后来高考发挥比较好，进了浙江大学。选择化学是因为相对其他科目，化学是我花比较少的精力就能学得好的专业，而且对于擅长的事，我也会慢慢喜欢上。读博是出于当时的主流选择，周围大部分同学都出国读研了，我也申请了，最后选择了美国康奈尔大学的直博项目。周围同学收到的录取通知书不乏哈佛大学、耶鲁大学、麻省理工学院等世界名校，我当时其实托福考了六七次，成绩并不理想，能够进入常春藤名校，是因为我的口语成绩还不错。在研究方向上的选择初衷也很简单，我从导师给我的三个方向中选择了金属锂电池。十几年前能源材料领域还不像现在这么火，我当时就觉得这个方向很有前景也很有必要，认为它是能使社会受益的一个研究领域，就选了它。

现在回头看这些选择就是自然而然的，没有刻意而强烈的动机。因为我一直都不是一个特别拔尖的人，把我放在任何一个圈子里，都有比我强的人，我可以明显地看到他们比我更有天赋。但我自信能够做到中上，然后努力把握住放在面前的机会。

与其说关注选择本身，我更关注实力的存积，只有实力足够才有更多的选择。我对自己的要求是：保持中上游，遇到可以尝试的机会要紧紧把握。所有选择的背后都是等价交换，踏踏实实提升自己，才能配得上想要的东西，而且在真正得到的时候也不会过于激动。就像论文发表出来的时候，我也不会有太强烈的感觉，因为前面做了很多踏实的努力；相反，如果你抱着侥幸心理，那只会浪费时间和机会。所以对于幸运和运气，除了感激，我一直会留些警惕，我更相信一步一步地积累。

那如何提升实力？实力不是天生的，而是后天的积累。就像我自己，并不是天赋型选手，作为普通人没什么特别的成长方式，"无他，唯手熟尔"，在我选择的领域做个勤勤恳恳多下苦功的"卖油翁"。

二、在试错中 get 人生技能

读博期间，我做的最多的事情就是试错。

国外五年的科研生活其实很单调的，做实验、写文章、看海量文献、参与学术会议。其中，做实验占了重头戏。失败、思考、重复，是我的日常。我认为科学研究就像医学体检，不断证实或者证伪的过程其实就是医生在排除病因。正因为科学是有对错的，不是对，就是错，所以这是一个不断确定反馈、确定反馈的过程。

我研究的是高能量密度金属锂电池，我曾经为了检测锂电池的安全性，花了四五个月时间去做锂枝晶观测的实验。有一种枝晶状物质，会生长在锂负极的表面，我们通过观察这种物质的生长全过程，判断锂电池到哪种程度便不能再使用，从而确保电池使用的安全性。这个实验因为要用显微镜来观察，所以要求设计的电池不仅要足够薄，还要密封性好，放在电解液中不能有气泡，既不能漏出来，也不能移动。整个过程非常复杂，各个环节的要求极高。实验过程中涉及的部件都要自己设计或找专人制作，小到一片玻璃、一根导线，都马虎不得。制作好后，还得自己动手组装。

我又花了好几个月时间去设计电池结构。制作电池必须在无氧无水状态中，几乎每天我都处在一个大箱子里。从设计材料，准备材料，到自己动手组装，再到观测，每个制作步骤快的话需要一天时间，慢的话则要很多天。

老天往往不遂人愿。做实验哪怕方向正确，各方面达到了高度精准，外部条件也给力，但如若缺少了那么一点点运气，也不会成功。这一个课题下来，我做废了两三百块电池。每当实验失败时，我都在想是不是要投入更多的时间、更多的仪器和更大的团队再去验证排除一次？

在那期间有连续两周的时间，我每天做实验到凌晨 2 点，早上 8 点再去上课，只为解开一个问题。实验室里没有凳子，更不要说床。一旦投入进去，连续站十来个小时是常有的事。我经常深更半夜，只身一人坐着校车，在冰天雪地中，一边思考一边返回住处，日复一日，每天醒来时都有期待。我想，如果我从事的是其他工作，每天醒来要做的是解决一个个工作问题；而从事科学研究，每天睁开眼睛想到的就是昨晚睡前一个稀奇古怪的想法，到了实验室可以马上实践，验证这个想法是否可行。渐渐地，我好像找到了我的点——坚持做下去的光亮点。

几个月时间下来，我发现实验怎么做都不行，只好宣布放弃。而那一刻，我只是告诉自己，失败乃实验常事，不必太在意，以后有机会再做。我发现自己好像已经和失败和解了，因为我界定了自己的标准。如果迎合他人的标准，实验长期失败我一定会无比失落，甚至抱怨连天、失去信心。但我界定了自己的标准，实验虽然失败，并不代表我一无所获，比如我使用了新仪器，未来或许能用到其他实验上；我认识了新的合作者，未来可能会对我的项目有帮助。经历过的任何事，都有可能成为以后科研路上的铺路石。后来的一次组会，我无意中听到与我的研究体系相关性并不强的同学介绍实验，我从中得到了灵感。抱着试一试的态度，我尝试用他的实验方法去做，实验结果竟然比我之前的实验都要理想。

读博不像以前的应试教育，应付完期末考试然后放一个长假，就可以把之前的课本都抛掉。它要求你不仅课业过得去，还要做研究，每天都会给你小剂量的压力，哪怕你完成了这个项目，发表了一篇很好的论文，第二天又要开始一个新的项目。这很像人一辈子走来的过程，你有很多角色，方方面面都会让你有压力，读博的心路历程就是人生的一种模拟。

五年的生活让我逐渐掌握了一种很重要的人生技能，有所期待，有所收获，去应对自我和世界的不确定性。

三、先成长，再成功

我在回国之后收到了过多的外界关注，也有过不知所措，但是我知道要先完成自己的课题。人在成功之前需要先成长。

成长最重要的是自我比较，界定自己的标准，关注内心的自我认可，知道自己是谁，想要什么。真正专注自身的时候其实是无暇去关注外在评价的，抛开不属于我的荣誉以及驾驭不了的影响，先沉下心来做事吧。沉浸于广袤无边的科学研究越久，越会觉得自己渺小，从而保持谦卑的人生态度，这也是我从科学研究中获得的一个意外治愈。

在学校崭新的实验室里，我们从几人的小团队，到去年满六周年时扩展至近 30 人，特别感谢最初留下来的学生。有一位博士生于去年提前毕业，并获得了国际顶尖科研院所的博士后 offer，他刚来帮我的时候才本科二年级，我们一起把一台台测试仪搬进实验室。我觉得我们是同路人，互相汲取能量，我从大家身上看到了朝气与活力，也看到了我自己。这种朝气与活力，不单是奔着某一件事才有的，而是一种对事业的追求和对信念的执着。

金属锂的研究不仅仅是我的研究，而是很多人的研究，在这个领域我只做了 11 年，获得诺贝尔化学奖的斯坦利教授已经做了 50 余年。在斯坦利教授获奖的前两年，我在一个国际会议遇到他，因为帮我写过推荐信，我习惯性地向他表示感谢，即使他不一定记得我。他幽默风趣，不变的是低调谦卑，坚持着他的研究，我敬佩这样的人。

我一路走来收到了太多的恩惠，我所获得的一切真的属于我吗？它属于这个时代，属于我的国家。我承担国家的重点研发项目，也申请了多项面向基础研究的项目。去年我组建了浙江省储能团队，我觉得高效储能这个领域需要更多的人一起来做。我想回报国家，回报一直在推动这个领域发展的所有人。

我的学生也越来越多，我新申请开设的本科生储能模块课程 2022 年春天也开课了。科学研究只是一份职业，还是能和人类的进步产生连接？我想告诉学生，我走到现在付出这么多的意义是什么。

四、在经历中认知自己

在人生中清晰地认知自己，接受自己，是一件不容易的事。

我的经历教会我，科学有对错，而人生没有，选择本身就有不充分、不完美的局限性，大家可以对自己宽容一些，把更多注意力放在自己的内心，界定自己的标准，了解自己要什么，这是做好选择最坚实的铺垫。

我推荐的必备途径就是经历和试错，比如想就业可以在暑假去企业实习体验，想走科研的路就带着实验想法去联系课题组，走进实验室做做看……坑总是要踩的，我们能做的是快速试错，及时止损。或许你的独立判断不够成熟，甚至是错误的，但是保持独立思考，不断试错，也好过心存侥幸的盲从。

即使花了很多时间也没有完全了解自己也没关系，因为你一旦踏上这个旅程，尝试去发现自己独特的价值观、独立的思考方式，它产生的力量是无比巨大的：你不会焦虑和抱怨，而是发自内心地对自己满意，因为你不必努力迎合他人的评价，只需要踏踏实实地发展自己的固有才能。

对于女生，目前没有科学依据证明男女在发展学业和事业上有太大的性别差异。现实困境确实存在，但情况是越来越乐观的。我读本科期间，化学系男女比例大概是 2：1，最近几年已经接近 1：1。我自己招生的时候只关注学生是否有热情，现在回头看性别比例也几乎持平。随着越来越多的女性进入这个领域，认识到自己的潜力并发展显现，性别差异会越来越被淡化。我认为，关注性别差异不如关注学生的个体差异，尤其是对教师来说。我带学生的体会就是这样，学生个体之间的差异，往往多过男生和女生之间的差异。

　　女生坚持自己的理想，在对事业学业和经营家庭的选择上，不存在孰对孰错。女性作为母亲、妻子为家庭做出牺牲，既是一种伟大的品质，也是个人自由的充分体现。无论其他人认为这是对是错，只要女性自己认同这种价值，她们的选择和自由就该被尊重。

　　我的分享不一定能改变什么，每个人的成长都是源于个体对美好价值的追求。伟大的哲学家尼采说过：对待生命，不妨大胆一点，因为我们终将失去它。而你内心认可的个人价值却贯穿你的一生，随着你的人生体验和选择，变得越来越丰盈。这是我对人生选择最深刻的感悟。

　　陆盈盈：青年科学家，研究领域为能源化工材料，毕业于浙江大学。现任浙江大学教授，博士生导师，兼任中国化工学会储能工程专委会副秘书长、中国颗粒学会青年理事会理事、《过程工程学报》编委、浙江省女科技工作者协会理事等。

我的"形状"

周乐

我曾经做过一个调研，采访了近 100 名初入职场的年轻人。我的问题是："进入社会后，你觉得有什么是你想学但在大学没学到的？"

几乎所有人的答案都含有一条：如何找到自我价值？

这也许是所有成年人的困境！

从小到大，我们都很努力地学习成长，想让自己成为一个有价值的人；但在现实生活中，个体的"自我价值感"是那么的薄弱或者脆弱。究其原因，大概是我们大部分人的"自我价值"不来自"自我"，而是来自外在，来自他人的眼光和评判。

然而，他人的评判受制于场景，受制于他的经历和阅历，每个人看你的视角不同。

有人把"你"看成生理载体，看到的是你的身高、体重、肤色、五官。

有人把"你"看成社会存在，看到的是你的财富、地位、职业。

有人把"你"看成关系纽带，看到的是你是谁的配偶、孩子、亲戚、朋友。

这都说明"他人的评判"是情景化的、流动的、碎片的。

更何况，他人是无法指定的，我们都不知道去满足哪个'他'。举个简单的例子，假如有两个上司，他们的观点不一样，到底听谁的？父母的观点也可能不一样，听谁的？把男朋友带给闺蜜们看，一个闺蜜说这个人特别适合你，另外一个说不适合，又听谁的？现代社会里，每个人都处于被撕裂的状态，依附"他人评判"的"自我"是被动的，我们被他人的眼光裹挟，他人的眼光吞噬着我们的行动力。当你处于无力感时，自然也就找不到自我价值。

那如何实现自我价值？我的答案是：认识自我，悦纳自我，创造自我。

一、认识自我

"认识自我"是眼下的流行词，但这样的表达容易让人们陷入误区，将"自我"外化成一个有待剖析的客体，我们进入"戴着眼镜找眼镜"的陷阱。其实，"自我"就蕴含在我们日复一日的人际交往和言谈举止中，了解"我是谁"最好的办法就是以审慎的态度分析"我曾经是谁"，即深度解释我们曾说过的话，做过的事，交往过的人。

以我自己为例：曾经一位我特别亲密的朋友，在一个社交场合暴露了我一个弱点，我当时特别生气和愤怒，我觉得人与人之间根本没有信任可言。我把我的不爽跟身边其他人倾诉，得到了其他人的安抚，他人的安抚缓解了我的情绪，但也强化了这个朋友不可交的认知判断。

这种表面的情绪宣泄只会让我将问题停留在他人层面，即发生这样的问题都是别人的问题，这样的分析是无法帮助我自己进行自我认知的。

硬币有两面，人也不是完人，任何一件事情的发生都有着自身的原因，比如我的私心，我的认知偏差，我的侥幸心理，我在不熟悉场景下的失当行为，我在竞争环境中下意识地自我夸大……这些都影响和左右了事情的进程以及我对结果的期待。就像"信任滑铁卢"这件事，真实的背景是：

　　在一个我相对无法把控的场景中，想立刻找到帮手，我立马跟对方掏心掏肺，是为了获得对方的亲近感，希望对方能支持和协助我，来弥补我眼前的不足。我既没有对眼前困境进行深入思考，也缺乏对对方的深入了解，我只是希望赶紧找到一根"救命稻草"，结果救命稻草没找到，还在泥潭里陷得更深。因为我对她的期待承载了双重希望，自然就感受到了双倍失望，我的情绪反应就会更强烈。

　　我相信每个人都经历过一些令人不安，或者不愿回忆的往事，我们不愿意去面对。于是，我们习惯于把事实进行剪裁和编辑，将其修改进我们能接受的信念里，活在"完美假象"中。

　　但当我审视地看待过往，深度解释在我身上发生的事，我看到了真实的我，这种真实让我如释重负，我不用活在"受害人心理"里，也不用活在"完美人设"中，识别、接纳真实的自己，是一件特别有力量的事，因为我们能从中汲取未来的行动力。当我们具备拥有真诚能力的时候，我们的人际关系也会更舒服，并且更高效。

　　比如有一次我跟我先生 Bobby 一起外出过情人节，前往约会目的地的路上，他接了一个电话，因为他在开车就开了免提，是他的同事急着找一个办公工具。Bobby 就告诉他在哪个抽屉哪个文件袋里，对方说袋子里只有一条项链，没有他要的东西，然后 Bobby 就告诉他再去哪找……

　　当我听到电话那头说 Bobby 在办公室抽屉放了一条项链时，我心里咯噔了一下，立马很多问题就闪现在脑海里：这条项链他送人吗？送给谁？为什么会送人项链？一个只会给我买互联网用品的直男，怎么会突然买项链了……

　　毋庸置疑，出现了在我认知和控制之外的事情，我当时是不高兴的。Bobby 挂了电话后，我们继续谈天说地，但是我当时心里还是在挂念着那条项链。我也不想做无谓的"编剧"让自己心烦，也不想做无端的猜忌，于是我开口了……

　　我：我现在有点不开心，我能跟你说说吗？

　　Bobby：当然可以了，你说。

　　我：我刚刚听电话里说，你办公室放了一条项链，我有点不开心。

　　Bobby：这个呀，是别人送给宝宝的一条项链，我还没拿回家。

　　我：好嘞，知道了，舒心了。

　　Bobby：你真棒呀，跟你在一起真的是越来越轻松了，感谢你的信任，愿意说出你的疑虑。

　　我：是呀，搁以前，我肯定会闷闷不乐很久，会想象很多场景，然后莫名其妙地对你生气，你不仅不知道为什么，而我自己的心结还解不了。

　　Bobby：是的，所以说，很感谢你，愿意真诚地交流。

　　我想，我能够真诚地交流，是因为我内心强大了，敢于面对真实的自己；我相信人身上都是魔性、人性、神性共存的，某个瞬间产生一些不好的念头，没有必要去掩饰或否认，这都是真实的存在，我需要做的是激发自己的人性，并让自己的神性牵引着自己走向善。以前出现这些念头时，我会觉得不好意思，会想自己是不是格局太小，是一个疑心重的人。但是，我又不能真的放下，就会在别的地方作。总有人说，某个想法或者某个念头是不好的，要打压，可是，当念头闪现的时候，它其实已经真实存在，我们不要去回避或压抑已经出现的念头，我们需要做的是转念。人不可能一点私心都没有，每个人都有自己的标准，但如果总用自己的标准去要求别人，不仅让人烦，也会让自己不开心。身边那些生活不开心的人，大都是标准多的人，都期待别人按照自己的方式去想、去做，归根到底，还是心里的那个"我"太重了。我们对他人豁达了，其实也是帮助我们自己从他人的标准里释放自我。

　　那次的约会，是加倍的浪漫与温馨，并不是有特别的布置或准备，而是餐前的对话，让我们的心更近，也让我们彼此的精神又有了一次同频的成长。不怕生活中有小插曲，任何经历都是挑战与机遇并存，就看我们如何从经历中汲取正向的力量。

真实，我们每个人都会失败，都有脆弱的一面，对自我真实的回应才让经验具有价值，帮助我们遇见更好的自己。

所以，我建议大家每周规划一到两个小时属于自己的时间，与自己进行真诚的心灵对话。更具体点，就是勇于跟自己不想接纳的自己对话。只有进行这样的对话，你才更容易进入反思和觉悟的状态。

二、悦纳自我

识别真实的自己后，我们就需要怀着一颗欢喜心接纳自我。悦纳自我不是盲目的自我陶醉，不是"我就这样，爱咋咋地"的莽撞，做到自我悦纳需要深度的思考练习。

如何进行深度思考？通过解答深度问题。

如果你问：为什么这个东西是绿色的？这不能引发深度思考。

如果你问：为什么这个东西是绿色的会让大家觉得它是一个问题？这就能引发深度思考，这样的提问能引发我们思考更多维度的事物。

就像我自己跟肥胖抗争了很长时间，曾经一直觉得应该减肥，或者让自己更漂亮。相比思考"如何减肥"，我是不是也应该问问自己"身材问题为何成为女性的困扰点"，是谁提出的以瘦为美？他为什么提出？通过我的社会学考察，很显然，这些话术的倡导者都是"瘦身产业"的利益关联者，我们不知不觉地成为他人利益的贡献者。

不知道有没有人跟我有同感，从小到大很多"标准的生命答案"一直陪伴着我们，即我们的人生应该怎样，所以我们就认为一定要达到"标准答案"才是好的，结果就磨灭掉了自己身上更多的可能性。现在回过头来想想，为什么我的朋友那么多，可能就是我"小小的肥胖"带来的好处，没有攻击性，很有亲和力。所以要善于发挥自身的特性，看到它可以给你带来的正能量，欣然地接纳真实的自己。

悦纳自我，还能帮助我们对世界说"不"。不懂得表达"不"，很容易在喧嚣的世界里迷失自我。用他人眼中的自己不断去压迫真实的自己，结果就造就了弱势的自己。"弱势的自己"在生活中会有哪些表现？一种是讨好型人格，你很顺从听话，害怕冲突，害怕让别人不满意，害怕跟别人去说自己真正的想法；还有一种就是完美型人格，如果一件事做不到完美，你就不去做，结果进入一个恶性循环，会自我贬低，事情还没有做就觉得不行，任由自己放弃、自我放纵也是一种自我伤害。

不过，在社会关系中，悦纳自我是有前提的，那就是自己要备好足够的货——"干货""湿货"，即具有解决问题、提供价值的能力，让自己具有不可替代性，不被边缘化。

三、创造自我

悦纳自己，就要去创造无限的自己。与其说"我是谁"是一个要回答的问题，不如说，这是一个要践行的成长路径。如何可持续地、有活力地进行自我创造？那就是找到自己的使命感。

我非常庆幸和感恩在浙江大学做博士后的时光，与浙江大学社会学的师生们一起在书籍海洋中遨游，用思想与这个世界对话。博士后期间，我主攻法国哲学家米歇尔·福柯的理论研究，《福柯全集》我看完后，对我影响最大的是《说真话的勇气》。它让我明白何为真理：掩卷而思，生命的体验不再是无审慎状态下的遵守外在社会规范，而是主动塑造自己的存在、成就自己的生命艺术，即唯一的、独特的自己。于是，我给自己的使命定位，就是成为生活哲学家，成就自己并引领他人。

生活哲学家，是我的理解。哲学本来是思考人、思考世界、思考生活方式的一种生活学问。现在大家习惯把哲学当成一门学科，把对人自我关怀的理解剥离出去，脱离了自身。所以，我只是觉得哲学本来的样子就是对自我的关注，以及理解世界和在这个世界上实践自我的一种方式。

爱尔兰作家、艺术家王尔德说："做你自己吧，因为别人已经有人做了。"

著名学者林语堂也说："有勇气做真正的自己，单独屹立，不要想着做别人。"

可见，做自己，自古以来就是人对生命的最好诠释。

真诚对话，让我们拥有内在的力量。

深度思考，让我们接纳真实的自己。

笃定使命，让我们创造自我价值，并以自我价值感染身边人，以主动的自我积极构建正向成长型人际关系。

■ ....

周乐：法国巴黎第九大学社会学博士，浙江大学社会学博士后，女性哲学会发起人，自媒体"乐乐老师啊"主理人。曾任法国巴黎第九大学企业可持续发展 MBA 课程领教；曾任创业黑马高级研究员 & 课程主任，负责商业案例撰写和创始人成长课程设计；曾任天下女人教育集团学术主任，负责女性成长课程体系搭建与运营；曾任微链首席研究员，负责产业加速器建立与运营；北京外国语大学、香港大学 SPACE 中国商业学院、浙江大学客席讲师。

健康的力量

许亚萍

　　体育运动之于身心健康的重要性已经达成了世界共识。社会经济不断发展，生活节奏越来越快，加上电子化、自动化不断普及，我们日常进行运动的机会越来越少，很多人由于缺少运动而导致身体与心理都处于亚健康状态，各种疾病日益显现。在这一背景下，人们越来越重视身心健康，越来越提倡多运动，运动逐渐成为大家日常生活的有机组成部分。作为一名运动员，我深知体育运动对我人生产生的巨大影响，所以我想从一名女性运动员的经历和感悟出发，与大家分享健康的力量。

　　我从小体弱多病，感冒发烧是家常便饭。高中的时候，有人来学校选拔，自此我与皮划艇，与运动建立起了一辈子的"友谊"。1998年我进入浙江省皮划艇队，2001年进入国家皮划艇队，2004年获得世界杯皮划艇总决赛德国站女子四人艇1000米冠军，2005年获得第十届全运会女子四人艇500米冠军。运动员时期，我的每一次进步都是体育运动带来的，它让我彻底摆脱了曾经那个"病恹恹"的许亚萍，也培养了我的体育精神，打磨了我的心理素质，并在退役之后，持续影响着我的每一次人生选择。

　　大学生们都有一颗敢闯敢拼的心，想要获得认可、取得成就、赢得荣誉，但在一切开始之前，我们需要懂得所追求的一切都是以健康为前提的，而坚持体育运动就是获得健康最直接有效的方法。这里的健康不仅仅是拥有一个健康的体魄，更要有一个健康的心理。巴菲特曾经说过："人生的很多问题，跑步都会给你答案。42.195 公里，能够给你足够多的答案。"体育运动之于身心健康，之于领导力，之于女性，都有着无法比拟的重要性。

一、正确认识健康的意义和价值

体育运动最直观的作用就是获得一个健康的身体。运动可以强健骨骼和肌肉，提高新陈代谢，这些都是运动能给身体带来的显而易见的影响。良好的身体素质是获得成功的基础，当然，不是说体弱多病的人不能取得成就，而是拥有健康的身体可以帮助我们在前进的道路上事半功倍。在我的身上，体育运动对外在身体状态的塑造体现得淋漓尽致，我从一个不那么健康和健壮的小女孩变成了现在又高又壮的成熟女性，是因为多年持续高强度的训练给我带来了健康的体魄，使我有机会、有能力获得体育生涯中的荣誉和成就。

体育运动更重要的一层作用，是打造强大的心理素质，塑造健全人格。某项运动可能无法陪伴你一生，但是在运动中所培养的优秀心理素质、积极的人生态度以及正确的人生观和价值观将会在我们未来的工作与生活中起到至关重要的作用。我们常说"德智体美劳全面发展"，这里的"体"，不仅是体育运动带来的健康体魄，更是健康的心理素质。

1912 年，教育学家蔡元培就提出了领先于世界的"完全人格，首在体育"的先进理念。大学生是社会主义的建设者和接班人，大学生的身心健康关乎整个国家与民族的未来和希望，体育教育是高等教育的重要分支，良好的体育教育能够促进大学生体质健康水平与心理健康水平的发展，而高校是培养中国特色社会主义人才的重要阵地，高校体育是最高层次与最后阶段的身体教育。基于自身运动员和教练员的经历，我对青少年的体育教育和培训有着深刻的认识。体育运动对青少年的价值不仅体现在强健体魄和磨砺意志，它更是完善性格、健全人格不可缺失的一环。这也是退役后，我选择加入浙江大学，继续推广发展水上运动事业的原因。我希望从高校入手，从课内教育到课外宣传，全方位地向高校学生普及正确、科学的健身知识和方法，推动校园体育生活化，培养强健体质的大学生。从运动员转型为教师、水上运动推广者等多重身份的过程中，多年体育运动中获取的体育精神和心理素质一直帮助我、鞭策我、引导我坚定不移地往前走。

二、培养自信心和自我激励能力

我不喜欢倒退或者不前进的感觉，永远逆着风、顶着浪往前冲，是我在体育里面学到的精神。没有一次次的失败就不会有最后的成功，当我们失败的时候，我们要学会更加努力地尝试；当我们学会坚持的时候，就学会了自我激励和自我治愈。一个人的自信心，就是在不断克服困难、体验成功中产生的。迈克尔·乔丹曾经说过："我的职业生涯中有 9000 次得分失手，输过300 场球，26 次错失众人寄予厚望的制胜一击。我这一生都在反复不断地失败，因此我最终取得了成功。"运动，就是教会我们经历失败、自我激励和治愈、培养自信心最好的方法。

来到浙江大学之前，我是一名运动员，我的目标就只是"更快、更高、更远"，除了金牌，很多东西都被忽略了。来到浙江大学后，竞技体育不再是我唯一的目标了，我们不是在培养世界冠军，而是培养具有全面素质能力的大学生。我完成了从专业竞技者到面向大众的水上运动普及者这样一个角色转变，但转变过程并不是一帆风顺的，不同的身份带来了不同的挑战。期间，我经常鼓励和肯定自己，回忆经历中荣耀和自豪的事情，肯定自己具有的能力，拿出不服输的精神，告诉自己："过去行，现在更行！我能当好运动员，也能当好教师，当好水上运动普及者。"从体育运动中学到的自信和自我激励的能力帮助我完成了身份转换的过程，也在之后的道路中帮助我挑战困难、肯定自己。

三、重视团队协作力量

我一直有个理想，就是让皮划艇成为一项普及运动。2010 年，我作为中美外交首批研究生冠军班留学成员，赴威斯康星麦迪逊大学留学，也正是这次留美学习机会让我更加坚定了要回国做水上运动代言人、培育青年人体育精神的决心。在美国，我发现那里的水上运动很普及，人们沐浴阳光、贴近自然，享受水上运动带来的快乐；但在中国，水上运动只是很少一部分人的爱好。真正让我受到冲击的是，我看到中美两国在体育理念、体育体制和体育产业发展上存在的巨大差距，我开始思考如何让体育回归教育，中国的体育事业该如何发展？作为中国体育曾经的一员，我深感自己有责任推动中国体育发展，让更多人感受体育精神，哪怕只有一点点，这是体育运动赋予我的责任感。2020 年，我们成功与国家体育总局水上运动管理中心共建浙江大学中国水上运动发展中心，这是我想要在中国推广"水上运动万里长征"的第一步。

同时，我们观察到国内在水上运动安全保障方面的工作有待加强。2019年，超强台风"利马奇"席卷中国东部沿海地区，在受灾严重的浙江临海，大水淹没了道路和房屋，群众受困。得到消息后我和4位志愿者带上救援设备，连夜赶去参与救援，把专业知识运用到最需要的地方，最后有 30 多位受灾群众在我们的帮助下撤离危险地带，这也是我作为国际水域救援 IRIA 亚洲首位 R4 女训练官的责任，将自己的专业知识真正运用到救灾工作中。2021 年，河南暴雨洪涝灾害牵动了每一位中国人的心，为了提高水上应急救援能力，我们中心团队积极推动开展《浙江省社会应急力量水上救援能力测评指导大纲》编撰工作，推广老百姓、学生积极自救和他救最基本的方式方法。专业的人将专业知识运用到日常生活中帮助人民群众，是我们的责任与义务。在推广水上运动事业的每一个脚步中，都离不开团队协作。皮划艇运动员的训练生涯，教会了我 1＋1＞2 的道理，要想赢得比赛，不仅需要强大的个人能力，更重要的是学会团队配合。高度的责任意识和团队协作能力，助力我在水上运动普及的事业中走得更稳、行得更远。

四、锤炼意志力和心理调节能力

台上一分钟，台下十年功。作为运动员的我清楚地知道，这不仅是嘴上的一句话而已，只有经历训练时无数的艰辛与痛苦，留下无尽的汗水与泪水，才能拥有进入赛场的资格证和站上领奖台的光辉时刻。强大的意志力和抗压能力，是每位运动员必须修炼的法宝。2020 年东京奥运会（2021 年举办），作为一名从事体育事业的妈妈，我有空就会和女儿一起看奥运，和她讲述奥运会上精彩动人的故事：最有激情的苏炳添，他的成绩对亚洲人来说具有什么意义；全红婵小妹妹的完美表现和她背后的故事，是如何打动所有人的。我告诉女儿，每一枚奥运金牌都来之不易，很多冠军曾经也是体弱多病的孩子，曾经也是各种调皮捣蛋或其貌不扬，但正是因为他们强大的意志力和抗压能力，经过不断训练，短的需要五年，长的甚至要坚守十年、二十年，才有机会出现在赛场上，让我们看到真正的体育精神。

历史上成功运动员的经历都有一个共同特点，哪怕遭受挫折，甚至觉得目标根本无法实现，但他们仍然顽强坚持，直至抵达终点。我一直坚信，永不放弃，抵抗住挫折带来的压力，调节好心态再次面对眼前的困难，就有机会实现目标，完成梦想。退役时，我给自己定下一个目标：做自己生活世界中的冠军。退役后，在生活和工作中每次遇到各种各样的问题，我都告诉自己，遇到挫折是非常正常的事情。从北京体育大学毕业后，我加入了浙江大学，一开始，学校并没有水上运动的相关体育课程，我只能从最基础的游泳课着手开展教学。我没有放弃和低落，而是调节好心态，积极沟通争取，从开设皮划艇课到成立水上俱乐部再到开展水上运动会，一个适用于浙大的水上运动体系从零到一慢慢被组建起来。之后，更多让人无法预料的难题一个个接踵而至，推广水上运动需要大量资金投入以及政府部门的支持，还需要专业的教练团队和赛事运营团队保驾护航，这些问题像一座座大山横亘在我面前。我积极寻求解决办法，一个人的力量太渺茫，我开始游说、鼓励有能力推动水上运动发展的企业和个人进入这个领域，让更多的人致力于水上运动在中国的普及发展，共同打造集水上运动教育培训、水上运动赛事、水上安全救援、水上运动旅行等于一体的多元化的水上运动产业。我觉得退役后的日子也像极了运动员生涯，我就是这次生活和工作"赛道"中的选手，"冰冻三尺非一日之寒"，要想在一个领域有所成就，必须保持耐心，持续付出，才有可能成功。在这次"比赛"中，我在体育运动中学到的体育精神仍然是我的制胜法宝。我相信只要有强大的意志力，坚持不放弃，抵抗住压力，调节好心态，就能战胜困难，一路攀登，在自己的生活世界里成为冠军。

从现役运动员到退役水上运动推广者，从高校工作到日常生活，体育精神影响着我的方方面面。体育运动不仅给我带来了健康的身体，更重要的是塑造了健康的心理，它给我带来的自信、毅力以及强大的内心，是其他事物无法替代的。投身于体育运动，让我找到了人生方向，做自己认为最有价值的事情。同时，作为一名女性，我更加提倡女生要坚持运动，不仅仅是重视运动对身体的塑形，更要在健身运动中融入乐趣和体育精神，使之成为女性身心健康的终身教育，从而树立健康的人生观、价值观和婚恋观，在人生中的每一场比赛中踏浪前行，勇往直前。

■ ⋯⋯⋯⋯⋯⋯⋯⋯⋯⋯⋯⋯⋯⋯⋯⋯⋯⋯⋯⋯⋯⋯⋯⋯⋯⋯⋯⋯⋯⋯⋯⋯

　　许亚萍：原皮划艇世界冠军。国际运动健将，国际激流洪水搜救 IRIA 亚洲首位 R4 女教官，浙江大学中国水上运动发展中心副主任兼秘书长。曾获浙江骄傲 2019 年度人物、浙江省五四青年奖章、浙江省三八红旗手、教育部直属高等工科院校体育优秀工作者。

在回应时代中认识领导力

傅君芬

什么是领导力？每个人都有自己不同的理解。"领导"的本意是带领大家朝着既定目标前进的行为，目的在于为实现组织的目标而努力。我认为，领导力的核心价值，在于正直、仆人之心和管家职责，即作为一名领导者，需要有以身作则的奋进意识，有服务他人的渴望，有培养资源和财产、将"人"放在第一位的责任感。所有成功的组织都基于三个关键优势：一是清楚地知道组织的方向以及如何达成目标；二是领导者和团队成员都具有一心为己和他人做出有益贡献的能力；三是具有尽一切力量实现目标的共同愿望。当这三个关键优势中的一个或者一个以上不显现时，领导力鸿沟就会产生。

管理学之父彼得·德鲁克用物理学概念对管理进行了解释，认为"管理要做的只有一件事情，就是如何对抗熵增"。"熵增定律"是热力学中的一个定律，指的是热量从高温物体流向低温物体是不可逆的，由高温趋向低温，且最终趋向不能做功、不能利用。用通俗的话来理解，"熵增"就是从平衡结构走向耗散结构的过程，从有序状态走向无序状态的过程，从清洁走向污浊的过程，从有用之物变成无用之物的过程。总而言之，"熵增"就是一个产生垃圾的过程。企业的管理过程，就是要汲取"反熵增"思想的智慧，逆向做功，把能量从低往高抽上来，保持源源不断的生命活力。"华为"厚积薄发的理念正来源于此。

在商界、学界、体育界、教育界，女性领导者的身影更是比比皆是：百年 IBM 首位女 CEO 罗梅蒂；惠普业绩下滑时临危受命出手拯救的惠特曼；在中国，海尔的杨绵绵、格力的董明珠、中国女排的郎平、诺贝尔获得者屠呦呦、人工肝开创者李兰娟、大山女孩的"校长妈妈"张桂梅、研发新冠疫苗的"人民英雄"陈薇……这些熠熠生辉的女性榜样告诉我们，女性力量在各个领域从未缺席，性别从来不是是否拥有领导力的决定因素。

《世界经理人》杂志这样评价女性领导力：第一，对女性领导者来说，敢做比会做更重要，相信直觉的"网式思维"（强调整体，考虑各种选择和结果）；第二，更好地发挥情商，心态决定命运；第三，能力强才能得到尊重，有契约精神，有个人魅力和风格，有语言和文化背景优势，有终身学习能力；第四，性别对管理行为影响不大，女性在决策上更加民主。

事实上，现代中国职场女性特征较以往已经发生了很大变化。中欧国际工商学院管理学教授李秀娟的研究显示：中国女性管理人员特征中，22% 表现为忙碌，18% 表现为激情，16% 表现为热情，16% 表现为积极，12% 表现为活力，8% 表现为努力工作。这说明当代女性在承担家庭责任的同时，也不断承担更多的工作责任和社会责任，工作压力较以往也更大。

然而，在现实生活中，女性领导却常常会面临这样的困惑：如果表现得太温柔，会被认为是软弱；如果表现得太坚强，会被形容为没有女人味；如果喜形于色，会被怀疑容易情绪化；如果升上高位，会被归因于沾了性别的光……如何面对接踵而至的审视与怀疑，是很多女性领导者都会面对的问题。

为了解决女性领导者的难题，必须充分了解女性领导的优、劣势。女性领导任职的优势在于：感情细腻，亲和力强；直觉敏锐，观察力强；宽容大度，民主性强；坚韧踏实，务实性强；谨慎节俭，廉洁性强。相对的劣势则表现为：理性思维能力不强，开拓创新意识不足，决断力不强，自信心不足。

那么，该如何提升女性领导力？我认为有几种方法：一是要保持积极的心态，自信地面对职场、生活中的各种质疑；二是要不断学习，通过终身学习提升自己的理论与实践能力；三是要善于发挥自身优势，例如女性善于表达的天性可以成为有效沟通的有力武器，经验和知识积累出的敏锐直觉也有助于甄别方向、指导行动；四是要为人大度，要有开阔的胸襟，对下属以德服人，与家人相互尊重。

记得 1993 年 7 月，我刚毕业不久，风华正茂，意气风发，怀着满腔医学抱负和对孩子的喜爱来到浙江大学医学院附属儿童医院，从握拳宣读希波克拉底誓言的那一刻起，我已暗暗下定决心要为儿童健康奉献一生。而今二十八载千帆过，我迎来送往很多个孩子和家长，看着他们带着笑容、健康平安地回家是我最大的成就。一路走来，我也逐渐从一名儿科医师成长为一名女性领导者、临床科学家，这些成长经历也让我对领导力在儿科发展中的作用有了特别的理解和感悟。

孩子是民族的未来和希望，一直以来受到党和政府的高度重视。2016 年8 月，全国卫生与健康大会提出："我们要重点管理好孩子们的营养与健康，要重视重大疾病防控，优化防治策略，最大程度减少人群患病。要重视少年儿童健康，全面加强幼儿园、中小学的卫生与健康工作。"《"健康中国 2030"规划纲要》更是明确提出了儿童健康与疾病国家战略目标，涉及改善儿童营养、加强儿童早期发展、提升新生儿危急重症救治能力、保障儿童用药、加强儿科人才培养培训等内容。儿科发展对儿童健康的重要性不言而喻。

然而，儿科发展却一直面临瓶颈。一方面，儿科医生门诊量大、待遇偏低，高层次人才培养不足，医师流失率高，标志性原创性成果少，获奖级别低；另一方面，儿科资源被多方掠夺、儿科专科医生稀缺、儿科用药难题多、妇幼保健院力量被忽视等现实问题也层出不穷。这些都是我在工作中切身体会到的"疑难杂症"。

面对这些问题，我们多措并举，取得了一系列突破与成效，而这些成绩的取得与三个意识是分不开的。

第一，拥有大局意识。"不谋全局者，不足以谋一域。"在"十三五"建设时期，我们抢抓国家首次在儿童健康领域布局"国家级儿科医疗中心"的重大历史机遇，成功入选全国首批、长三角首个国家儿童健康与疾病临床医学研究中心与国家儿童区域医疗中心牵头建设单位；获批出生缺陷诊治国际科技合作基地、干细胞研究备案机构，整体学科实力稳居儿科学"国家队"行列；学科排名稳中有升。我们致力于通过开展学科遴选来提升临床诊疗水平，已遴选出内分泌代谢疾病诊治、新生儿／儿童危重症救治、出生缺陷综合防治、儿童血液肿瘤诊治等四个高峰学科；儿童呼吸系统疾病诊治、儿童消化系统疾病诊治、儿童心血管疾病诊治、儿童肾脏系统疾病诊治等 4 个优势学科；儿童早期发展、儿童移植学科、儿童微创学科、面向儿童健康与疾病的大数据和人工智能研究等 4 个培育学科。"十四五"时期是我国全面建设社会主义现代化国家的新征程，是浙江大学高水平、高质量建设中国特色世界一流大学的关键决胜期，也是医院实现新一轮跨越式发展的战略窗口期，我们也将顺应时代发展潮流，对标国际国内顶尖儿童医院，开拓进取，砥砺前行。

第二，具备创新意识。"唯创新者进，唯创新者强，唯创新者胜"，只有创新才能带领学科发展进步。临床医学发展至今，相较从前已有了认知和技术上的大跃步，但生命的奥秘就如冰山一角，更多的是隐藏在海面下的未知。临床上从不缺难解之题，缺的是发现这些问题并寻求解决办法的慧眼明心。作为儿科医师，如何培养以需求为导向的高水平临床研究与转化能力尤为迫切。比如作为精准反映儿童生长发育水平和成熟程度的重要指标，骨龄检测在评估生长发育水平、制定疾病诊疗策略、诊疗效果随访等诸多方面均有重要意义，但在临床实际使用中，骨龄测评存在较多难点，能够熟练、高水准阅片的医生少之又少，而精度高的 TW 计分法耗时较长、门槛较高。近年来人工智能技术的迅猛发展，让我看到了骨龄检测技术的新可能。2017 年，我带领团队与依图公司合作研发出国内首个落地临床的骨龄 AI 辅助诊断系统，将原本需要 5 ～ 10 分钟的阅片过程压缩至秒级完成。减少骨龄检测过程中的辐射剂量及儿童身体防护问题是亟待解决的另一重点。为此，我携团队联合美诺瓦医疗团队经过 3 年的临床研发，于 2020 年 7 月成功推出全球首款微剂量辐射可移动骨龄 DR，也是第一款取得中华人民共和国医疗器械注册证用于手腕部拍片的平板 DR，目前已经取得 6 项专利和 1 项软件著作权。这两项新技术也将惠及基层医院，缓解基层医院儿童测评资源匮乏问题，提高基层儿科医生的骨龄诊断水平，让患者在家门口就能享受到专业的生长发育测评服务，帮助制定更贴合当代儿童的骨龄新标准与更科学的生长发育测评指南。

第三，具有家国情怀。临床研究一定要面向国家战略，服务人民健康。作为一名儿科内分泌医生，我所研究的内容涉及内分泌各个领域，其中最关注的就是儿童肥胖问题。近 30 年，我国城市学龄儿童超重和肥胖患病率上升了 10 倍之多，已高达 20％，且日益呈低年龄趋势。肥胖是慢性疾病滋生的土壤，会使糖尿病、心脑血管疾病、肿瘤等发生概率增加 2 ～ 5 倍。儿童肥胖有 70％～ 80％可延续至成年，是重大慢性疾病的潜在人群。因此，防治儿童肥胖刻不容缓，这也是实施健康中国国家战略的发展要求。2001 年，当我还远在日本求学之时，已经察觉到中国儿童肥胖率上升的趋势。2002 年，回到浙江大学医学院附属儿童医院不久，我就率先开设肥胖门诊，创新开启了儿童肥胖与糖尿病的系列研究。"十一五""十二五"期间，我率领团队依托国家科技支撑计划课题，发布了我国首个儿童青少年代谢综合征防治共识并在全国范围内推广应用；率先建立了我国 6 ～ 16 岁儿童青少年腰围百分位数据库和血脂分布图，创新性地提出腰围 / 身高比腰围能更好地评估儿童中心型肥胖，论证了腰围 / 身高界值（0.46、0.48）对 MetS 及组分异常风险的预报能力。"十三五"期间，我作为首席科学家承担国家重点研发计划"儿童青少年糖尿病患病与营养及影响因素研究"，获得了我国儿童青少年糖尿病患病及年龄、性别和地域分布等最新的重要基础数据；制定了首部《中国儿童青少年 2 型糖尿病诊治中国专家共识》《儿童非酒精性脂肪肝病诊治中国专家共识》。2018 年 6 月，我牵头全国 24 家医疗机构成立首个"中国儿童青少年肥胖糖尿病联盟"，开启了如脂肪肝、高尿酸、高血压、高血脂、高血糖等代谢综合征的防控研究。"十四五"时期，我再次作为首席科学家牵头国家重点研发计划"儿童肥胖代谢性疾病发生机制与精准防治示范研究"，致力于建立儿童肥胖代谢病预警新体系及家—校—医时空融合的筛防、诊治、管控新范式研究。

作为一名儿科医生，服务的虽是 20％的儿童群体，却是 100％的未来，我有使命发挥医学专家的带头作用，积极推动健康中国战略，帮助孩子健康成长，成就更好的自己，迎接更广阔的未来。同时，作为儿童医院的一名领导干部，要敢于自我净化、自我完善、自我革新、自我提高，以"信念坚定，为民服务，勤政务实，敢于担当，清正廉洁"的五个好干部标准为实践准则和奋斗方向，努力成为具备家国情怀、全球担当、德性格局、竞争开拓、唯实唯先的高素质女干部。

　　傅君芬：浙江大学二级教授、求是特聘医师，国家卫生健康突出贡献中青年专家，国家儿童健康与疾病临床医学研究中心副主任，国家儿童区域医疗中心副主任，亚太儿科内分泌学会候任主委，中华医学会儿科学分会内分泌遗传代谢学组组长，*BMC Pediatrics* 和 *JCEM（Chinese edition）* 副主编。主持"十三五"及"十四五"国家重点研发计划项目、国家自然科学基金、国家科技支撑计划课题等 23 项，获浙江省科技进步一等奖 1 次（1/13），中华医学科技奖医学科学技术奖二等奖 1 次（1/10），中国妇幼健康科学技术成果二等奖 1 次（1/13），国家科技进步二等奖 1 次（7/10）。

镇党委书记的十二时辰

俞国燕

我是杭州市萧山区戴村镇的党委书记，也是两个孩子的妈妈，儿子上高三，女儿上小学。因为面临高考后专业的选择，以及今后职业发展方向，儿子经常会问我"妈妈，你觉得公务员这个职业怎么样"，女儿也会问我"老妈，你是干什么的"。有时候我也在想，基层公务员到底是做什么的，这个职业怎么样？所以，我希望通过谈一下乡镇工作，讲述"镇党委书记的十二时辰"，把典型的工作浓缩到一天中呈现给大家。

8：00　第三届浙江省滑翔伞锦标赛暨第六届戴村山地越野赛开幕式

很多人觉得领导参加开幕式，就是致个辞，没啥难度。其实，并非如此，大家看到的只是开幕上呈现的环节，却看不到开幕式背后的故事。

山地越野赛不是戴村镇原本就有的赛事，而是一项"无中生有"的工作，为此我们需要做大量前期准备。比如，建成总长 80 公里的国家登山健身步道、40 公里的骑行道、14 公里的彩色林道……正是有了这些硬件基础，戴村镇才能够举办这样一场赛事。后来为什么戴村又举办浙江省第三届滑翔伞锦标赛呢？每年戴村镇都举办山地越野赛，连续几届之后大家希望创新一下，所以，2020 年依托独特的山水资源，我们招引了滑翔伞项目；2021 年两项赛事同时开幕，又有了新的爆点。

举办赛事不是一次简单的活动，它凝聚着很长的发展链条。戴村镇周边其他乡镇同样有着丰富的山水生态资源，只有打造自己的特色品牌才能够在同质化的竞争中脱颖而出。我们给自己的品牌定位就是郊野运动。近年来通过赛事的曝光和引流，戴村镇招引了三清园户外运动公园、云石滑翔伞、高空秋千、云山峡谷漂流等项目，形成了完整的体旅产业链条，逐步建成杭州近郊的网红打卡点。

9：30 "千万工程"现场会筹备点踏勘

乡镇干部工作的重点在农村。"千万工程"，即"千村示范、万村整治"工程，旨在改变乡村面貌，实现美丽蝶变。因此，能够争取举办全省"千万工程"现场会历来都是一项高规格的工作。

近五年来，萧山投入了 50 亿资金建设美丽乡村，对村庄面貌进行了彻底的改善。那为什么戴村镇佛山村能够入选 5 个现场会筹备点之一呢？

首先，佛山村通过美丽乡村建设，村庄面貌实现了翻天覆地的变化，可以说是脱胎换骨，成为远近闻名的样板村。在美丽乡村建设过程中，我们实现了"三个拆尽"，即一户多宅拆尽、危房拆尽、有碍观瞻建筑拆尽。在农村，"拆"是最难的一项工作，村庄面貌的改变凝聚着镇村干部大量心血。同时，我们也做到了"三个打通"：一是打通断头路，改善村庄交通环境；二是打通溪流，让全村溪水环绕；三是打通庭院，通过拆高改低、拆墙透绿，打造美丽庭院，展现最原生态、最美的乡村风貌。

其次，近年来，戴村镇主动拥抱数字变革，不断将数字理念、数字技术融入乡村治理和发展大场景，推出"戴村三宝"数字治理平台，构筑"治理＋发展"的双螺旋模式，打造"工分宝"、"信用宝"和"共富宝"三大场景，通过"治理形成信用，信用促进发展"的交互机制，有效激活了村民主体意识，着力破解基层治理难题，系统提升了基层治理效能。佛山村成为戴村镇全力打造的杭州市首批数字乡村样板村。

10 ∶ 30　陪同市人大领导调研

在日常工作中，接待上级领导和其他单位的调研也是乡镇工作中很重要的部分。虽然接待任务不轻松，但也说明我们乡镇工作有特色、有亮点，得到了认可。随着时代大道南延工程的推进，戴村镇即将融入杭州"半小时交通圈"，因此我们常说"时代大道到戴村，戴村进入新时代"。戴村镇紧紧抓住"区位优势＋生态优势"叠加机遇，不断提升城镇能级，完善高端配套。银泰、德信、金地三个楼盘交付，14 万平方的城南银泰城填补了萧山南片大型商业中心空白。2021 年 9 月，占地 231 亩的国际学校威雅实验学校投入使用，涵盖幼儿园、小学、初中、高中各个年级。大家原来都不敢想象，一个国际学校怎么可能会建在农村，现在都变成了现实。

11 ∶ 00　项目洽谈

作为基层干部，有一项很重要的使命，就是"兴一方产业，富一方百姓"，而实现这个目标的关键是要引进高质量的项目。好项目来了，需要有空间承载，因此我们必须做好基础性工作，盘活产业空间资源。乡镇每年的财政经费基本就是维持正常开销，主要是工作人员的工资以及日常运行。想要盘整空间，需要大量资金，钱从哪来呢？从 2017 年开始，戴村镇就创新推出"平台＋镇街"的合作模式。镇街有空间潜力，平台有资金优势，通过合作共赢，戴村镇盘整了 1600 亩土地，收储了 10 万平方米的厂房，为新项目落地腾出了充足的产业空间。

12 ： 45 信访接待

乡镇是"社会治理的最末端，服务群众的最前沿"，镇政府的大门随时向群众敞开，不需要通行证、介绍信。基层干部的电话也都向群众公开，比如河长制公示牌上都有负责干部的电话。为了能快速解决问题，老百姓喜欢直接找乡镇书记，到了镇政府就直接走进我的办公室。你可以想象一下，每天办公桌前坐着反映各种问题的老百姓，有的通情达理，有的可能很固执，有的甚至不讲理，该怎么办？面对拆迁安置、违章处罚、邻里纠纷等信访问题，乡镇干部都要想办法有效沟通，妥善解决。这都是基层工作的常态。

13 ： 30 浙报融媒体产业园项目地块出让专班会议

如果大家平时关注政府工作的话，就会注意到有很多工作专班。因为很多重要工作都需要组建专班来推动落实，比如我们浙报融媒体产业园项目就组建了工作专班来负责。每个项目的落地，都凝聚着大量工作人员的心血。

浙报的项目要征用 70 多亩土地，涉及 200 多户农户，是一项庞大的工程，很多老百姓不理解、不配合，就需要镇村干部挨家挨户上门做工作，反复上门讲政策、讲道理、讲人情。做好老百姓的工作只是万里长征第一步，后续还要做土地出让流程、服务项目审批、建设、投产等一系列工作，在这过程中时常会出现想象不到的情况。比如，现在文物保护要求很高，规定 50 亩以上的土地出让要先进行文保勘探，如果发现地下有文物，要进行清理保护；如果有重大发现，可能项目都要搁置。所以，一个项目从洽谈到真正落地，有很长的路要走，中间任何一个环节都需要投入大量精力。

15 ： 00　赴城区参加区镇两级人大代表换届选举工作会

2021 年，正好是人大代表换届选举年。人大代表换届选举，是一项重要的政治任务。我国的选举制度规定，区镇两级人大代表由选民直接选举产生。与以往换届选举工作相比，2021 年的选举又有更高的要求，比如工人、农民和专业技术人员的占比，非党员、妇女代表的比例等。从代表名额分配、选区划分、选民登记、代表候选人的推荐和协商，到投票选举代表，每一项工作都有很高的要求，环环相扣，依次相连，不仅工作量大，而且政治性、法律性和程序性都很强。全区部署会后，乡镇就要紧锣密鼓筹备这项工作了，12 月中旬前要完成选举，12 月底召开新一届的人民代表大会。

有人可能会问，人大代表选举不是人大的工作么？乡镇党委书记到底要承担哪些责任？作为戴村镇党委书记，我需要对辖区内所有事项承担无限责任，可以说是戴村 62.8 平方公里、5 万名常住人口的第一责任人。除上述工作外，我们也面临着很多急、难、险、重的任务。

比如 2020 年春突如其来的新冠肺炎疫情。从大年三十上午 11 点接到紧急任务——为全区首个集中医学观察点（戴村点）提供后勤保障，我们克服人员放假、店铺关门、出行不便等诸多困难，用 6 个小时完成了 200 人的入住准备。之后，23 个村社、5 个临时党组织、1200 余名党员、200 余名机关村社干部不分白天黑夜、不管寒风冷雨，驻守在镇村各卡口，奔忙在防控最前线，用实际行动践行党员干部的初心和使命。

再如 2021 年的烟花台风。据统计，7 月 22 日 8 时至 27 日 16 时，萧山全区平均雨量 314 毫米，最大的降雨量在戴村镇骆家舍村，达到 738.6 毫米，是有气象记录以来戴村镇最大的降雨量，破历史纪录，居全市降雨量第一。戴村镇的永兴河水位最高达 9.33 米，响天岭水库超溢洪道 60 厘米，为近 20

年以来面临的最高水位。从应急响应开始，我们就实行全镇干部全员 24 小时在岗，全力抗台抢险，乡镇主要领导实时跟区应急指挥小组汇报，凌晨 2 点多还在开视频会议商讨工作。

因为情况紧急，所有建筑工地、地质灾害点、危旧房屋等人员都必须进行转移，其中骆家舍全村都需要转移。我们仅用了 4 个小时，就将骆家舍 91 户 256 人全部转移至戴村镇初中。最为惊险的是青山村的石牛山片区，骆家舍村转移工作我们是有预见的，但石牛山险情则是突发的，早上 6 点多突发泥石流、小流域山洪，直接冲毁农户房屋，万幸没有人员伤亡。当时很多周边乡镇都出现了伤亡情况，所以我们紧急对石牛山片区的老百姓进行了转移。当时天气恶劣，救援工作相当困难，但镇领导还是带头冒着危险冲进受灾区域，积极转移被困群众。

17：00 向区领导请示汇报

开完会，我就要见缝插针到区领导办公室去汇报工作。对乡镇干部来讲，工作就是"上面千条线、下面一根针"，范围广、责任重，但是自身又没有足够的自主权，专业水平也不够，所以很多重要工作需要请领导协调相关部门配合推动。比如，骆家舍村多处存在地质灾害隐患，再加上受台风影响，村庄房屋、道路、基础设施等遭到很大破坏，治理成本高，效果不明显，村民和镇里都希望可以整村搬迁。但搬迁工作涉及大额的资金保障和专业技术支撑，不是镇级层面能解决的。所以，我需要向区领导请示汇报，协调区财政局、发改局、规资局等相关单位共同支持。

18：30 参加干部夜学云课堂

汇报完工作，在路上随便吃点东西，我就得马不停蹄地赶回镇里参加干部夜学云课堂。现代社会知识更新非常快，对干部的知识储备、综合素质提出了更高的要求。比如，在招商引资的过程中涉及芯片产业的项目，相关干部就必须了解一些芯片产业的知识，否则无法跟企业对话。同时，现在基层主要领导的压力也非常大。前些年，上级领导来调研，涉及农业口的工作，可以请负责农业的副镇长汇报；涉及经济线的工作，可以请负责工业的副镇长汇报，他们作为分管领导，相对更专业。但现在乡镇党委书记不能这么做了，各项工作都得亲自抓，工作细节也要充分掌握，这个岗位要求乡镇党委书记必须是全能的。我们几位乡镇女干部开玩笑说"上午能穿着高跟鞋走进国际博览中心，下午能戴着草帽走进田间地头"，这就是我们日常的工作状态。

20：00 研究工作

夜学结束后，我通常要回办公室再梳理一下手头的工作，复盘一天的工作任务完成情况：预期目标有没有达成，明天有哪些重要事情待落实……基层的工作千头万绪，作为党委书记，如果我不能理清工作思路，没有做好顶层设计，脚踩西瓜皮，干到哪里算哪里，那么就无法合理地安排工作任务，无法有效调动大家积极性，也就无法形成工作合力。

21：15 检查女儿每日打卡任务

在单位我是党委书记，在家里我是两个孩子的妈妈。我的先生也是公务员，我俩经常要加班，回家都比较晚，没法辅导孩子学习，所以特别感谢家里老人，是他们一直在监督孩子的学业。我女儿现在刚读小学一年级，我每天回到家做的第一件事就是检查她钢琴、跳绳、拼音打卡等学习任务完成的情况，常常是手忙脚乱。

22：00　了解儿子学业情况

我儿子现在读高三，学习压力很大，每天晚上要 10 点才能回寝室，我就趁这个时候给他打个电话，了解他的学习生活情况，为他鼓劲加油。现在浙江省新高考改革之后，对家长也有了更高的要求。相比于别的妈妈，我平时工作太忙，对孩子学业的关心是不够的，也经常被老师"点名批评"。

前面分享的是我工作日常中典型的一天，接下来结合我自己的体会，再讲一讲我是怎么做到"两个平衡"的。

第一，工作与生活的平衡。"二胎"政策开放后，我毫不犹豫地生了老二。也有人问我，带两个孩子这么辛苦，而且还会影响职业发展，有没有后悔？我想说，完全没有。一方面，家人的支持是我最坚强的后盾，家庭和谐美满让我能够放手干出一番事业。另一方面，我认为家长对孩子的陪伴，并不是24 小时跟他（她）待在一起，而是在努力工作中不断提升自己的能力和认知，给予孩子更高质量的言传身教。

第二，长期与短期的平衡。从事基层地方工作，就会碰到长期目标与短期目标如何平衡的问题。理想状态下，一个地方的发展要立足长远，打好基础，久久为功。而现实情况是，干部的任期长则三五年，短则两三年，也迫切需要短时间内干出一番成绩。我的观点一直是要树立正确的"政绩观"，更多的还是要锚定目标，一任接着一任干，扎扎实实地推动地方发展。同时，也要力争长短兼顾，打造一些特色亮点，并不是为了所谓的"政绩"，而是增加工作曝光度和显示度，更好地为地方发展争取资源、创造机会。

"广阔天地，大有作为。"如今，我们正走在乡村振兴、共同富裕的大道上，欢迎更多的大学毕业生到基层来工作，在这广阔的天地中找到自己努力的方向，实现更大的价值。

俞国燕：现任杭州市萧山区城厢街道党工委书记，曾任戴村镇党委书记、萧山区衙前镇镇长、蜀山街道党工委副书记等；曾获G20杭州峰会先进工作者、萧山区优秀党务工作者等荣誉；中共杭州市萧山区第十六届委员会委员，中共杭州市第十三次代表大会代表。

领导力：天生还是后天？

姚明明

9 年的商科学习让我一听到"领导力"这个词，就会迅速地从学术的视角去审视——特质、作用、影响因素。这似乎是被学界讨论最多也是最受实践应用关注的三个方面。而 9 年的大学生涯、4 年的辅导员工作、5 年的大学生思想政治教育和研究工作让我能从多角度去切身体验和感悟大学生领导力。下面我谈谈对大学阶段领导力的理解——是什么、为什么、怎么做。

我有幸成为浙江大学并校后第一位女学生会主席、研究团队中第一个在校期间兼顾挂职工作和出国访问却没有影响毕业并发表高水平论文的博士、第一批在浙大从辅导员岗位向教师岗位转型的老师。除了感谢幸运之神的眷顾，我更应该庆幸自己在学生会四年的历练和成长，在这期间所沉淀下的能力和见识都成为我一生重要的财富，而对于领导力的理论学习和实践锻炼更是让我得益其中。

一、是什么：Born or Made？

领导力：Born or Made？这是一个在领导力领域长盛不衰的话题。以往研究通过对双胞胎进行"共同环境"的控制，发现领导力大概 1/3 由基因决定，另外 2/3 由其他因素决定。虽然天生因素对领导力的造就至关重要，我自认为不是一个具有领导力天分的人，但通过这方面的体验和训练，我相信领导力是一种可以被培养和习得的能力，更是一个自我造就的过程。

作为一种非记忆式的动态能力，领导力的习得用生物进化论里的"印记理论"解释再合适不过了。每一个个体在成长过程中的相对短暂却高度敏感的时期，在受到外界有关领导力的影响和刺激之后，养成或形成的一段反映当时环境条件，并在环境变化后持续保持这种能力的特征，随着时间的变化这种能力也会不断发生变化。因此，领导力是可以通过不断地强化学习和实践锻炼进行积累提升的。大部分大学生都会经历人生的三个关键时期，分别是原生家庭生活、大学生活、新家庭生活。在面对影响因素时，除不可控的如时代背景、随机因素等，还存在一些可控因素，如经历、教育背景、身处的小环境等。

有了这样的理论支撑，再来分享我的个人体会。在我的成长过程中，来自于三个人的影响让我更加坚信领导力是可习得的。上大学之前，我并没有在任何方面展现出过人的表现。我总是担任非重要岗位副职的学生干部（现在想来这可能就是给一个学习还不错、比较乖的小朋友的鼓励吧），经常羡慕那些能够在一个团队中迅速产生的自然领导者，并能引导大家行为的人。但在我的原生家庭生活中，母亲给我的心理暗示方面的影响很大：她一直提醒我是一个很有规划和安排的人，能组织协调好复杂的情形。或许是在她的暗示和我对别人留心观察的积累下，进入大学之后，平台给了我呈现的机会。如果说，能进入竞争激烈的学生会是我以往积累的成效，那么当时指导学生会的叶老师是第二个给了我重要力量的人。她不仅手把手教给我很多成为一个学生组织领导者所需要具备的技能，为我提供锻炼的机会，还介绍学生会前辈榜样让我学习。回想起那个时候，有很多精彩难忘的瞬间留存在我的心里。记得我们做主持人大赛活动的前夕，她带着我学习和揣摩相关比赛的活动经验，介绍我向前辈沈主席取经（那个时候颐高正在举办一个类似的选秀活动）。那一段时间的投入和历练，十分充实，也为我在大四扛起浙大学生会重任奠定了重要的基础。但真正让我认识到领导力并通过理论指导实践的是第三个给我重要力量的人——我的研究生导师吴老师。吴老师的因材施教给了我更多拓展的空间和可能性，不仅让我有机会去剑桥访问学习，而且在博士阶段也坚持承担了学生工作。此外，他个人在工作上的以身示范和对团队的管理，更是理论与实践结合的典范，潜移默化中影响着我。我一直觉得他是一个十分厉害的精神领袖，哪怕已毕业 8 年，我仍然在心中坚守着"踏实做事，潇洒做人"的团训。

二、为什么？——人人需要领导力

"计划、组织、领导、控制"是管理的四大职能，而领导是其中不可或缺的一部分。并不是领导者才需要领导力，每个人都有可能成为管理者，管理自己的工作、学习、生活，甚至是人生。

首先，领导力对工作的重要性。这里的工作不仅指大学阶段的学生工作或社团工作，也指职业工作。领导力能够使个人在团队中脱颖而出，得到更多锻炼，收获更多机会。这个锻炼的过程也是对领导力的积累，是一个非常正向的良性循环。一方面，要主动寻求锻炼的机会，哪怕是很小的团队，哪怕前几次的尝试都是以失败告终；另一方面，还要注重对经验的积累，这样才能在需要用时呈现出来。

大一和大二阶段，因为艺术特长的缘故，我被推选成为学生会文艺部部长，由此积累下的经验为我能完成大四的超负荷工作奠定了基础。当年，随着浙江大学各校区定位的逐渐明晰，校学生会也在 2006 年进行了并校以来的第一次大改革。我刚上任之际，就面临着玉泉、华家池校区没有主席团成员的问题，同时还承担着学院辅导员、团支书和学联等工作，以及期末考试、文琴舞蹈排练等重要事宜。那段时间的工作压力想起来还是有点后怕，但给我带来的是脱胎换骨般的飞跃。在之后的各种团队机会中，我都会有意识地去寻找锻炼的机会。这些机会并不是一定要成为团队的领导者，主动承担责任、积极参与团队任务都是很重要的训练。

现在，我已经转型成为一个教研工作者，"领导力"这个词似乎与我的工作相去甚远，但实际上，这才是领导力发挥作用的真正开始。从优博到辅导员，从辅导员到西部挂职，再从西部挂职到教师，现在回想起来，这几次转换在我的职业生涯中都是十分关键的。能够获取并胜任这些机会离不开大学阶段的训练：主动发现和创造机会，整合资源获取机会，在机会来临之时把握并胜任之。教师工作最大的特点是相对自由的工作时间，这既是优势也是劣势：规划有效事半功倍，缺乏计划时间流逝。现在，我要承担繁重的教学任务、科研压力，还有教研室和党支部的工作，但这几座大山加起来给我的感受是充实且快乐。相对自由的时间对我来说再合适不过，我不仅可以兼顾工作和家庭，还可以安排好个人的时间，读书、锻炼身体和做美容。

其次，领导力对学习的重要性。进入大学，学习不再是一个人闷头做的事情。大学学习和高中不同，学习内容、学习方法、学习评价都很不一样。大学的学习内容更广泛，方法和评价体系更多元，有许多是需要团队共同完成的任务。特别是研究生阶段的学习，每一个人都是独立的科研工作者，需要对自己的时间、资源进行整合，从而达到最优的学习成效。在这些过程中，都需要个体对自己进行管理，如何协调课程安排，如何分配学习时间，如何和不同的团队协作以达到最优目标。

最后，领导力对其他方面迁移的重要性。我主要谈谈对生活的迁移。传统观念对女性在家庭中所承担的角色寄予了厚望，但同时社会的发展又唤醒了女性的职业发展需求。女性面临着比男性更严峻的家庭与职业平衡问题。我一直认为家庭是女性的另一项职业，有的人选择其他更爱的职业，有的人选择以家庭为全部的职业生涯，兼顾似乎是一个很难达到的目标。我是个很喜欢小孩的人，在家人和阿姨的帮助下，我陪伴了两个孩子的成长，参与他们成长中的每一个重要时刻，到目前为止没有缺席过任何一次表演和课外活动。他们的上学和睡觉时间就是我的工作时间，在晚上和周末我会陪他们玩或参加课外班，在他们能够独立上课外班之后，等待的时间也成了我重要的工作时间。某个暑假我在新东方的教室工作了一个月，以至于那里的保洁阿姨每天见到我都会热情地打招呼。因此，领导力对生活的迁移不仅能够更好地平衡家庭和职业，而且可以自己在生活接触更多不同的事情，接受更多的可能性，从而变得更加丰富多彩。

三、怎么做？——高效 Get 领导力

（一）抓住学习的机会

我在大学阶段接受过大大小小的学生干部训练营，从院级、校级到省级、国家级，共计有十来个，时间从一个星期到一年半不等。每个培训班都会邀请专家进行理论讲解并设计项目进行实践锻炼。不同层面的培训内容和平台不同，收获也各异。学校的启真人才学院与平时的学习工作联系更为紧密，对工作提升帮助很大；全国学联的麦肯锡理论培训和爬野长城实践锻炼更开拓视野；中国大学生骨干培养学校的理论学习和田间劳作与生活联系更为紧密。我的建议是：在时间允许的情况下，多参与这样的训练，那将是你除专

业知识之外在大学阶段非常重要的收获。

这些培训班唯一的不足是覆盖面小，没有办法惠及每一个同学，有一个很好的"平替"就是大学图书馆。进入工作岗位之后才发现，能够安静地泡图书馆学习新知识是一件多么奢侈的事情。只要愿意，图书馆的纸图书籍和电子资源可以让我们初步学习和掌握任何一个新领域的知识，对于领导力也是如此。如果没能参加培训班，那阅读足够多的书籍也是一个非常有效的学习方法。

（二）用好这片试验地

有人可能认为大学阶段的学生工作不过是小朋友"过家家"，和以后的工作相比差远了。但若想在将来的工作和社会生活中更加得心应手，大学阶段这种"过家家"的体验和尝试是少不了的。大学是一个初入社会的阶段，是去体验社会悲欢离愁、竞争压力、人情冷暖的试验地。虽然和真实的社会生活有一些差异，但正是这些差异给了我们更多尝试和允许犯错的可能性。

如果说高中以前的学习是决定人生舞台的高度，那大学阶段的学习就是决定人生舞台的宽度。大学是软实力学习和培养的重要阶段。在这里我们学着如何与人沟通、如何独自处理事情、如何同时运行多项任务。大学鼓励同学们多去尝试不同的事物，找到自己的兴趣点，就算是犯错也可以有机会改正和重新来过。而在出现疑问和需要帮助的时候，总有老师或同学能够不求回报地伸出援助之手。当然，付出与回报也是成正比的。只有你在这个试验地做的实验越多，将来在人生道路中跌倒的概率就越低，取得成功的可能性就越大。所以，在大学阶段进行能力培养和习惯的养成是再合适不过了。

（三）论方法的重要性

如何提升领导力，有众多的书籍、课程和工具，大家可以选择性地看一些适合自己的。书籍方面，我更建议读一些基于严谨学术研究的成果；课程方面，最好是有较强背书的平台或教师个人的课；工具的话就仁者见仁、智者见智了。我分享一个我自己很喜欢做的事情——观察模仿。我特别喜欢观察他人在一些特别时刻的表现，如他们的语言、决策等，会对一些好的行为进行总结和记录，并在之后的类似情境中去回忆和模仿。我通过这种方式学到的积极主动、勇于承担、顾全大局等都是组成领导力很重要的要素。

姚明明： 浙江大学副教授、浙江大学—剑桥大学联合培养博士；曾任全国学联驻会执行主席、浙江省青联副主席、浙江省学联主席、浙江大学团委副书记（挂职）、浙江大学学生会主席，参加西部计划任青海大学学工部副部长、团委副书记（挂职）；在《管理世界》等杂志上发表文章，获国家社科、省社科项目资助，并出版专著《现代服务业商业模式创新：价值网络视角》《新兴服务业跨界服务商业模式研究》。

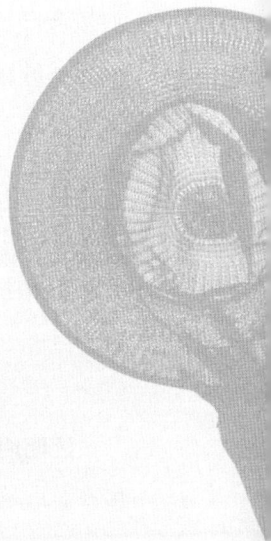

第二辑

看见

数百年来，性别议题在世界范围内都热度不减。现代社会，女性解放的平权运动一浪接着一浪，互联网中围绕相关话题的争议也在近年愈演愈烈。"就业歧视""生育成本""家庭责任""容貌焦虑"……无数辩题无数人群，由于立场不同，所视所感有异，往往只能莫衷一是。在这样嘈杂的声浪中，新时代的女性时常困惑迷惘，在理想与现实、理解与质疑、执着与牺牲的夹缝之中，不知自己该要什么、该做什么。

　　两性之间天然的生理差异必然意味着不同，我们并非要掩盖这种不同，而是要撕掉刻板印象强加的标签。如何理性地与性别带来的不公或成见抗争，与性别带来的现实压力和解，将性别赋予的属性接纳并且优化，是一项深刻且不容易的修行。

　　本章汇集了各位专家学者及浙江大学女性职业特质研究与发展中心成员关于女性话题的想法和思考，有谈及"现象"——职场性别歧视的现状、诗词中的女性形象、"女性创造潜力"的研究，也有谈及"方法"——如何运用沟通技巧、如何运用演讲能量、如何应对消费陷阱或身材焦虑，等等。

　　不断观察与独立思考，勇敢实践与坚持练习，是志气的高歌之后，真正的旋律。

"言值"就是领导力

新苗

　　一个能够在二审中翻案、帮助客户挽回经济损失 800 多万元的年轻律师；一个在国有旅行社做大客户对接的中层管理者；一个在知名电子商务公司工作的女码农——在一次关于公开讲话的公益课程上，这三个看上去风马牛不相及的人，却有一个共同的烦恼——那就是：不知道怎么在公开场合，需要即兴发言讲话时，用最短的时间调整状态、整理思路、搭建结构、突出重点，讲出一段合乎身份、场合，能够凸显个人特点和业务专长，给人留下良好印象的讲话。

　　表达是最基础的领导力，"言值"就是领导力。什么是"言值"？让我们来给自己做一个简单的评估。

　　有人夸过你会说话吗？你是个好的聊天对象吗？家人、朋友、合作小伙伴经常会对你说的话表示不耐烦吗？当你请求别人帮忙时，是拒绝多还是成功多？初次见面聊过几句后，你就能收获一个朋友吗？你每次都能准确清晰地表达自己的想法吗？有没有过必须在公开场合发言，但是说完之后觉得没讲好，又不知道该怎么组织语言的困惑？有没有遇到过需要临时即兴讲一段话，但是因为紧张而不知道说什么的尴尬？

　　这些问题，大致勾勒出一个人的"言值"。"言值"，指一个人讲话的文明程度和语言表达能力。"言值"爆表，就是俗称的口才好。

你有没有过这样的发现：在一个社交场合里，有些人只要一开口，就能吸引人们围观，仿佛社交明星，一呼百应。而另一些人明明很有才华，却要经过长时间深入的接触才能让人发现亮点。如果能在初次见面或某个偶遇的场合，能够自如地、充分地、有特点地展示自己，那无形之中你的机会肯定会比别人多上好几倍。

是什么让明明肚子里有内涵的你张不开嘴巴？是什么让你没能抓住稍纵即逝的机会呢？

有一项有意思的调查，在对 100 个样本个人做的关于"生活中你最害怕的是什么？"的调查中，选项分别有死亡、恐高、破产、重病、臭虫等，竟然有 41% 的人选择了公开讲话。原因无他，上述其他选项我们在日常生活中遇到的概率其实并不高，而面对面的交流和讲话，却是居家旅行、职场情场必不可少的技能。

不要觉得公开说话离我们很远，这其实是生活必备技能：它可以是一场面对上千人的演讲；也可以是小到只有十来个人的一次工作汇报；可能是决定你前途的一次工作面试；也可能是获得投资人青睐的一场路演。

公开讲话，首先需要强大的心理，其次才是战术阶段的训练。说白了，张不开嘴，是因为怕在公开场合讲话说不好，怕自己的表现不够完美，太要面子，而一旦越过这层障碍，你会领略到一种高层次的信心和满足：越敢讲越会讲，越会讲越想讲。人的自信和气场，就是在这样的正向反馈中滋养起来的。

"言值"高者得天下。

"言值"，是一门艺术，更是一项技术，所谓技术，就是可以通过科学的训练和一定时间的实践来获得的一种能力。

我们来看两个案例，关于女性用自己的语言能力改变个人前途，甚至推动国家命运的真实事件。

1943 年 2 月 18 日，宋美龄在美国国会发表了 20 分钟的演说，这是美国历史上著名的国会演讲之一，美国国会议员当场被感动得热泪盈眶。之后宋美龄在美国各地进行巡回演讲。因为她的演讲，美国开始同情并支持中国抗战，提升了当时中国的国际地位，也改变了美国人对华人的歧视，推动美国废除排华草案。2014 年的"超级演说家"总冠军刘媛媛以一场关于寒门贵子的演说成名，同时努力考上北大研究生，通过了司法考试，放弃世界 500 强企业的 offer，自己创业。

这些都是用语言来开拓前路、扭转命运的成功案例。

著名美国作家查尔斯·哈奈尔曾说："我们的心灵就像一块磁铁，而心中的渴望就是不可抗拒的磁力，吸引住知识和智慧，并让他们为我所用，一切只是都是这样集中意念的结果。"

到这里，你是不是热血沸腾，觉得自己只要放开胆子，离侃侃而谈只有一步之遥？

抱歉。事实上，你"离辩才无碍"还有很远的差距。让我们先来看看下面这些分解后的、关于公开讲话的小命题，然后做个自我评估。

1. 你知道怎么讲故事吗？

2. 你知道做一次 5 分钟的演讲，需要准备多少字数的文字稿吗？

3. 你知道怎样做一个 1 分钟的自我介绍，让人听了就想加微信吗？

4. 怎么用气场来控场？

5. 怎样用几个关键词让人仿佛看到你描述的场景？

如果有三个以上的选项不够确定，那么，你的"言值"可能有很大的提升空间。

让我们来解决问题。

所有的表达障碍都可以归结为三大问题：紧张阻碍表达；你讲的不是对方要的；没有足够的气场来控场。

首先，我们来看看怎样破解表达的最大障碍：紧张。

大部分新手演讲者在公开场合特别不自信，就算能够藏好紧张到发抖的情绪，也有可能照本宣科，没有平时近距离跟熟人面对面交流的灵动和自然。如果不能克服紧张情绪，很难再做下一步的改变。其实适度的紧张不是坏事，它会让你心跳加快，肾上腺素激升，手心微微冒汗，注意力分外集中，容易迸出思维的火花或灵感，所谓急中生智。对，大家可以想象一下，就是偶遇心仪的人，他微笑着向你说话时，你那种又紧张又兴奋的感觉。不过表达重要的是"适度"二字，因为太过紧张，往往会眼神慌乱，语无伦次，甚至心理上先放弃了，那就悲剧了，更可怕的是可能会带来挥之不去的阴影。

我们不容易控制自己的情绪，但可以做有效的引导和训练，比如从公开讲话的主观意识切入。一个人讲话的从容不迫和他的见识有关，和他的经历有关，更重要的是，和他影响他人的意愿有关。不是因为上级的安排，不是因为主办方的要求，而是我自己有重要的东西要和大家分享，我有强烈的愿望要表达。不知道自己为什么站在舞台上，和那些不知道受众要什么的人，都不可能做自我表达的主宰者。在有准备的公开讲话之前，不妨问问自己这三个问题。

问题一：什么样的动作和环境能让你迅速平静下来？有的人做几个深呼吸，或者甩甩手，或者去洗手间对着镜子来一段开场，听一段柔和的音乐等都有助于放松。每个人的状态不一样，你要找到一种能让自己迅速放松下来的方法。

问题二：不忘初心——问自己为什么要来这里？一定是有值得分享的东

西和经验。演说的意愿和使命感非常重要，如果你没有强烈的想和其他人分享的愿望，你很难做到自信和放松。

问题三：多收集自己成功之后的感觉和情绪，用回忆让自己兴奋起来。比如说，上一次，我成功地在很短的时间内说服一个客户，签单成功；或者我鼓起勇气拒绝了老板提出的不合理的工作进度要求。把当时那种头顶阳光、信心膨胀、自我良好感觉爆棚的记忆储存下来，需要的时候，回忆一遍，把那种自信的感觉提取出来，给自己做心理建设。要相信：只要我开口了，世界就安静了。

其次，如何准备一篇应对突如其来的演说需要的临时发言。

任何公众场合的闪闪发光都不是与生俱来的，所有看上去牢牢吸引受众的即兴讲话，大都经历过不止一次的练习，很多包袱甚至是千锤百炼之后留下来的经典桥段。这就需要在平时做一些训练和积累，可以尝试用一种积木式的讲话模块练习，提前准备好，并且在小范围内实践。讲话片段的积累，可以是一段具有亮点的自我介绍，可以是最近深有感触的一本书，可以是经历中印象最深的一件事，也可以是对本专业深入浅出的介绍或者对所处行业未来趋势的看法，等等。在需要的时候，根据不同的对象、场合和情境做组合式演说，看上去是信手拈来，其实不打无准备之仗。别忘了储存一些金句来"点睛"你的讲话，比如"成年人的世界，没有容易两字""你的意志准备好了，你的脚步也就轻快了"等——在讲话中增加一些"金句"，不仅仅是讲话内容的点睛之笔，而且能让你的讲话被更快捷、更广泛地传播开来。

最后，讲话控场的能力哪里来？

研究显示，在讲话者对受众的影响因素里，内容的影响力只占到7%，声音的愉悦感占到38%，给人最深印象的是占到55%的个人形象。形象，是一个人从外形到内在的综合体现，包括但不限于美丽的五官、动听的音色、精雕细琢的文稿。想一想，从俞敏洪到罗永浩，从郭德纲到马云，哪位和传统意义上的帅哥有半点关系？但毫不影响他们在公开讲话中展示强大的人格魅力，这就是所谓的自信与气场，看不见摸不着却又真实可感。

气场和心理自信有关。

气场和声音自信有关。

气场和讲话方式有关。

气场和肢体语言有关。

实践表明，讲话者不但要对受众有语言的刺激，更要有情绪的感染。举两个最简单的例子，讲话的眼神和手势都有很强的情绪表达作用和肢体语言效果。讲话时眼睛往哪里看？可以直视对方双眼吗？眼神的移动频率怎样，如何切换？向上的手势能为讲话带来怎样的气场？向下的手势又能表明什么样的气场？这些，都是构成有魅力的讲话不可缺少的一部分。

罗马不是一天造成的，如果你觉得开口有难度，那就先降低到踮着脚可以够得到的高度，比如脱稿有困难，那就从念稿开始；如果面对一群人讲话有困难，那就从面向几个熟悉的人开始；如果总结一个观点有困难，那就从复述一个故事开始——只要你开口了，那就是通往演说大道的路径。

有影响力的人，都是能说会道的人；有领导力的人，都是善用语言沟通的人。

最后，送给想要提高"言值"的你一句胡适的金句："怕什么真理无穷，进一寸有一寸的欢喜。"

新苗： 主任播音员，浙江电视台节目主持人、主笔。浙江省普法使者，浙江省律师协会公益形象代言人，女性社群"她时代"联合发起人。2000 年，创办以个人名字命名的新闻专栏——《新苗说新闻》获全国金话筒百优主持人奖。2003 年，创办大型法制真情故事类节目《纪实》，播出至今已 19 年，被誉为当代的"三言两拍"电视版"南方周末"，先后获得中国电视满意度博雅榜年度地面频道文教类栏目十强、中国电视十佳法制栏目称号。

有一种精彩叫"她力量"

赵瑜

　　我们身处在一个"她"力量崛起的时代，也是一个在话语意识上尊重女性的时代，一切否认、贬损、诋毁女性价值的言论都将受到公众的严厉批评。但是，从实践意识层面来看，女性是否真正得到了应有的认可？

　　截至 2019 年，诺贝尔奖仅 54 次颁给女性，而自 1901 年该奖颁发以来，共有 923 位个人和 27 个组织获得这一殊荣。2020 年，物理学迎来了第四位女性获奖者，化学奖新增两名女性科学家。相较于丈夫过世后方方面面都受到公众压力的居里夫人、做出了 DNA 的 X 射线衍射图诺奖却给了同事的罗莎琳·富兰克林、观测并记录到了脉冲星诺奖却仅给了导师的约瑟琳·伯奈尔，知识界对女性的友好程度已经大大提升。

　　世界经济论坛发布的《2020 年全球性别差距报告》显示，在教育、职场和政治等领域，男性和女性难以在有生之年实现性别平等。政治是进展最缓慢的领域，在大多数新兴行业中女性比例也普遍偏低，在"工程"（15％）和"数据和人工智能"（26％）等相关职业中的情况也不容乐观。智联招聘发布的《2020 年中国职场女性现状调查报告》显示，在接受调查的 65956 个样本中，有 58.25％的女性在应聘过程中被问及婚姻、生育状况，生育成为职场中性别不平等的主要原因，高达 63.08％的职场女性认为"生育是摆脱不掉的负担"；27％的女性在求职时遇到用人单位限制岗位性别，8.02％的女性曾遭遇职场性骚扰，还有 6.39％ 的女性在婚育阶段被调岗或降薪。女性在职场中受到不平等对待的现象依然广泛存在。

但即便如此，女性依旧是推进经济发展和社会进步的重要力量，她们遍布在各行各业。2021 年 1 月，联合国妇女署发布的文章指出，在全球范围内，妇女占到了全球医疗卫生工作者的 70％ 以上，活跃在抗击疫情的第一线。在中国，奔赴抗疫一线的 4.2 万名医护人员中，2/3 是女性。其中，女性医生大约占到了医生总数的 50％，而女性护士则占到了护士总数的 90％。

中国工程院院士、军事科学院军事医学研究院生物工程研究所所长陈薇，在新冠肺炎疫情暴发后，在武汉"封城"的第三天即前往一线。在武汉，陈薇院士带领团队一边精准筛选确诊病例，一边争分夺秒地研发新型冠状病毒疫苗。她带领团队研制的人腺病毒载体疫苗，成为国内第一支获批正式进入临床试验的疫苗，也是全球首个进入临床研究阶段的新冠疫苗。陈薇的朋友评价她："不是在实验室，就是在去实验室的路上。只要一钻进实验室，啥时候出来是不知道的，长年累月像拼命三郎似的干着，我们这帮老朋友都很心疼她！"而陈薇院士却认为"穿上了这身军装，这一切就都是我该做的"。

这不是她第一次应对病毒疫情，作为"生物危害防控"国家创新团队学术领头人，陈薇院士在阻击非典、抗击埃博拉等多场硬仗中都做出过重要贡献，在埃博拉病毒、炭疽杆菌等多种病毒的治疗上都取得了卓越成就。人的一生，总是在做各种各样的选择，关键那几步如何选往往决定了一生的走向。而陈薇无疑在至关重要的分叉口上，都做出了"人民至上"的选择。

再如，"全国三八红旗手标兵"冷菊贞，作为双鸭山市饶河县西林子乡小南河村第一书记兼驻村扶贫工作队队长，驻村工作以来，用摄影讲述小南河的故事，用旅游唤醒沉睡的"金山银山"，让小南河从一个默默无闻的小山村成为远近闻名的东北民俗旅游村。4 年间，共接待游客 3 万余人，营业收入 400 余万元。她在脱贫攻坚的基层"战场"说："哪个第一书记没哭过，尤其是女的，每个第一书记在村里头都哭过几场，不获全胜，绝不收兵。"她在脱贫攻坚第一线倾情投入、奉献自我，用美好青春诠释了共产党人的初心使命，谱写了新时代的青春之歌。

像这样的"她力量"故事还有很多，例如"大国工匠"韩利萍，一生潜心钻研技术，以精湛的数控操作加工技艺为长征系列运载火箭发射保驾护航；"乡村医生"谢爱娥，20 多年如一日坚守在洪湖中心一条小船上给渔民看病，为渔民建起了"生命之舟"；"全国优秀共产党员"王中美，带领我国桥梁战线上首支"女子电焊突击队"，先后参加了 50 多座世界一流桥梁的钢铁结构焊接试验任务；"最美校长"张桂梅，扎根贫困地区 40 余年，创办全国第一所免费女子高中，帮助 1800 多名贫困山区女孩圆梦大学……尽管她们分布在各行各业，涉足于不同领域，但她们都坚持用自己的初心与努力践行责任与使命。

让读者意识到性别差异现状，让大家进一步了解杰出女性的贡献，并不是要贩卖焦虑或女权，而是让大家清晰地意识到，女性更需要清晰的职业规划，更应尽早地明晰自己的生涯路径。

每个人的职业规划各不相同，个人志趣和机遇也相去甚远，在此只能简要地将职业阶段区分为初期、中期和成熟期。职业初期，大家初入职场，有两个问题急需处理：职业方向确定、工作能力积累。如果第一份职业是你心仪的，且上升通道通畅，恭喜你，在大方向上不会存在困惑，重要的是工作中一次次经验的积累。如果第一份工作甚至前几份工作让你充满倦怠，那找到自己的职业方向就存在一定的变数。总体而言，大部分人的职业初期为 5 年左右，在这个阶段应该大致清晰自己适合的道路。网上热议 35 岁失业，甚至有人觉得 30 岁就比较难调试。从终身学习和职业生涯规划的角度，这个结论并不正确，但也从一个侧面反映了职场竞争的激烈以及在职业初期完成生涯整体设计的重要性。职场固然内卷，但是机会也始终为有所准备的人敞开大门，因此，我们可以在职业初期尽可能多地掌握与职业目标相对应的专业技能。

职业中期，大家往往已经塑造了自身的特长领域和专业性，至少对从事的工作得心应手。但这个世界唯一不变的就是内在的变动性。如果你开始盼望生活中的一切最好永远不变，就应该警醒——你即将进入事业和生活的瓶颈期。不少女性的职业生涯其实终结于职业中期，也就是在自己职业的中段，就已经缺乏内驱动力或者动态调试的能力。并不是所有人都必须热衷事业，但如果对自身的职业生涯有所期许，保持学习能力就至关重要。我在前段时间碰到一个临近退休的海外教授，含饴弄孙的年纪还在学习 R 语言，始终对新知识保持敏感是她的职业素养。因此，在这个阶段，我们同样要不断更新自己对职业领域的认知，坚持学习与思考，不能因为倦怠工作而失去刚入职场的那份初心。

职业成熟期是实现自己工作价值的最重要阶段，能够步入职业成熟期，对任何人而言都是巨大的成功。从全能视角看，沧海桑田也就弹指一瞬，但是对具体的人来说，坚持完 20～30 年的职业生涯，并且在每个阶段都适得其所，需要毅力和智慧。职业成功未必皆可以用量化指标去衡量，关键还在于自信，或者说充分认识自己并能与自己和平相处，进而寻求到生活与工作的平衡。而这种平衡的实现，也与职业初期和职业中期的路径规划密不可分，提前做好职业生涯规划有利于后期发展更为顺利。

也许会有女性朋友提出疑义：这不是属于所有人的职业生涯规划吗？为什么说是针对女性提出的建议呢？

从根本上而言，宏观层面的职业生涯规划大同小异，不过是如何发挥自身特质并且很好地嵌入团队和组织。但是从中观和微观角度，如果社会分工体系没有发生巨大变化，时间对女性可能更加不友善。

前两年一部热播剧戏剧化地道出了女性遭遇的职业偏见：招聘鄙视链最底端的就是"三十＋已婚未育"的女性，因为随时都可能结婚生子，工作效率还不如办公室的咖啡机，这也暗喻了"不婚不育保平安"的社会心理。如果按照我们前文的划分，30 岁不过是职业初期到中期的过渡。年龄似乎给当代女性设置了一种声音刺耳的闹铃，在面对自我生存境况之时，女性在抵御整个社会弥漫的"难以界定的深层不安全感"之时，既斗志昂扬，却也多少有些有心无力。

无论是已经位于婚姻的围城之内还是之外，30 岁的女性不可避免地面临生活境遇的转变和选择的焦虑。现代社会为孤岛式的生活提供了可能性，个体似乎不再需要家庭。但直到目前为止，对孤独的恐惧、对亲密关系的期待仍然广泛存在，组成核心家庭仍然是主流生活模式，当然，不是唯一的。现代社会给个体提供了更加完善的教育、就业保障，这使得个体成为权利和义务的对象，而在传统社会，这些权利和义务往往归属一个集合体，如家庭。社会制度的变革给个体提供了更加完备的选择机会，却也因此和核心家庭的制度化存在一定冲突。目前在网络上盛行的女性话语，为女性的生存提供了反思性和某种程度的抗争性表达，但也体现着一种更深层次、内化于制度安排的无能为力。没有人能轻而易举地保护一种世俗性"本土生活"不受较大的社会体系和组织的影响。虽然我们也看到了整个社会在前进，但它发展变化的速度，未必跟上了女性自我意识的觉醒。

现实生活中，年龄对女性的压力最集中地体现在进入婚姻和生儿育女的可能性，在对核心家庭的期许和认可仍然弥散于社会的背景下，身处其间的女性不可能对此无动于衷。但是年龄的增加在某种程度上降低了女性的婚姻选择权，也从医学角度面临最佳生育年龄的错失。同等的压力也可能加诸男性，但是在社会话语体系中，事业有成和个性成熟可以部分弥补男性的年龄压力，至少对中产阶层的男性如此。女性则无从为年龄所"赦免"，且这种压力和生育、职业、婚恋共同作用，形成个体更加无法抵抗的生活困境和情感焦虑。

值得庆幸的是，越来越多社会力量正在投入到助力女性发展的事业中。对女性职业发展的助力也从雪中送炭、赋权维权的直接支持逐渐向打造更好的发展生态转变。2021 年 7 月 19 日，科技部、全国妇联等 13 个部门为女性科技人才联合发声，改善女性科技工作者职业发展的政策环境，不仅在资源配置上予以支持，还着眼于缓解女性科技人才在当代家庭结构中面对的压力。中国妇女发展基金会"天才妈妈""超仁妈妈"等公益活动则将乡村振兴和女性灵活就业、自主创业相结合，在国家宏观战略的框架下为女性谋求更大的发展空间和机遇。也有许多女性正在将助力女性发展作为自己的终生事业，她们职业生涯的目标就是打造更好的女性发展环境。正如张桂梅扎根贫困地区 40 年，投身女性教育事业，不仅帮助贫困山区女孩获得更好的教育资源，而且还激活了她们对自我价值的认可和追求，为她们在职业生涯开启之前就融入了不屈的拼搏底色。如何在我们的社会中推动女性发展，与如何塑造一个有利于女性发展的社会生态同样重要。

女性需要合理地推动职业生态的整体性改善，也有赖于每一位女性通过个体奋斗提高自己职业的天花板，从而给更多的女性以信心。世界已经涌现了不少杰出的女性政治家、企业家、学者、艺术家，各行各业都有智慧而勤奋的女性，在为世界发展做出努力。在这个时代，女性不再被定义，她们一直在打破枷锁，去发掘更多的可能性，在广阔的社会舞台上，立足于各行各业，自强不息，开拓进取，释放出令人瞩目的巾帼力量。

赵瑜: 浙江大学传媒与国际文化学院副院长,广播电影电视研究所所长,浙江大学融媒体研究中心副主任,教授,博士生导师。主要研究方向为媒体融合、传播伦理和文化创意产业创新管理等,目前担任凤凰卫视浙江记者站、浙江卫视、浙江影视(集团)有限公司等媒体顾问。

唐宋诗词中的女性书写

陶然

　　在古今中外的文学作品中，有大量的女性文学形象，吸引着众多文学爱好者。我们从这些文学作品中，读到了不同时代和不同境遇下女性的生活状况、心理状况，这是文学中的女性书写给我们带来的重要体验。当我们谈到女性文学，或者说文学中的女性书写这个概念的时候，实际上在谈两个方面的问题：一方面指的是文学作品中针对女性的描写，另一方面则是女性文人的文学创作，这两种维度是交织在一块的。我们知道，在传统社会中，由于女性受教育的普及性比较低，能够接受完善文学教育的女性终究是少数，所以在整个中国古代文学史上，相对而言女性文人的数量是非常少的。在这里，我主要谈的是第一个维度，即唐宋诗词作品中针对女性的描写。

　　中国文学中，从上古时代开始，对于女性的书写就已经呈现出了非常丰富的内涵，类型也不一样。在《诗经》中，既有很多对于女性外貌形象的表达，也有以貌取神的美感化表现，还有涉及上古时代女性、婚姻、家庭等复杂问题的作品。同时，从汉代开始，经学家们在解说《诗经》的时候开始产生政治化、社会化解读的倾向，将女性书写与政治寓意相联系，实现了对女性书写的一种超越。南北朝齐梁时代的宫体诗则是以宫廷女性为主要表达对象的作品，尽管它们常常被批评为文过其意，但从女性书写的角度来看也有新的变化。在宫体诗中，女性本身成了审美对象，从而推进了中国古典文学女性描写的技术化；宫体诗比较关注女性的生活化场景，从而塑造了古典诗词中对于女性描绘的基本模式；在宫体诗潮流中，女性本身成为文学目的甚至可能成为文学的消费者，说明了女性一定程度的主体性在文学上得以呈现。

唐宋诗词中，包括唐代的传奇、宋代的笔记小说等各类文学作品中，涉及女性描写和女性形象的作品，以及女性文人的数量都远超前代。唐代文人所描写的女性，其身份的定位是多元化的。如杜甫《丽人行》中描写的宫廷女性和齐梁宫体诗中的女性就很不一样；我们熟悉的白居易《长恨歌》里面描写的，作为传奇故事主角杨贵妃这样的女性，也是非常特别的。这些都是非常精彩的女性书写。但是我们主要想关注的其实是作为男性对立面的女性，在这样一种定位前提下，其身份展开的方式是比较值得注意的。大体来讲，我们可以观察到以下几类女性的身份。

第一类是歌伎。唐宋燕乐盛行，歌伎是歌舞表演的主体，也是后来唐宋词的主要表演者。歌伎渗入社会的各个层面，上至宫廷、教坊，下至市井民间、青楼楚馆，乃至士大夫家庭中。这种女性所代表的娱乐化状态，渗透到社会的各个阶层，所以很自然地大量出现于文人笔下。如北宋晏几道就描写了一群他非常熟悉的歌伎。晏几道晚年为自己的词集《小山词》写了一篇序，回忆当年经常和沈廉叔、陈君宠等朋友在一起欣赏家中歌伎的表演，并自己填词等前尘往事。因此，晏几道《临江仙》词等作品中对于女性的描写，被转换成了自己往昔生活的一种回忆。文学中的歌伎，与其说是一个独立的女性，不如说是作者回忆中的一种符号。这个符号代表的是昨梦前尘、悲欢离合。我们不能认为这样的作品是对于女性的完整独立性的描绘，但绝大多数唐宋时代对于歌伎的描绘，都在走这个方向。

第二类是与唐宋文人有情感关联的女性。从中我们往往可以发现唐宋时代的社会风尚、文人个性、文人的生活方式。如李商隐的《柳枝》五首，诗序中就记录了他和洛中里娘柳枝的故事。这个故事出自李商隐的自序，从中折射出一种典型的男性视角。柳枝是李商隐的性别对立面，同时又是李商隐的仰慕者，两者之间绝不是对等的关系。但从李商隐的角度描绘、其间的自我修饰以及对于对方的描写，就很耐人寻味了。这让我们认识到唐宋时代的文人在描写女性之时，身份定位是首先考虑的要素。

第三就是妻子这种身份。在这种身份定位中，唐宋时代文人不约而同用的都是同一种称呼，即"老妻"。这个称呼背后折射的是什么？比如初唐的王绩讲"老妻能劝酒，少子解弹琴"，沈佺期讲"翰墨思诸季，裁缝忆老妻"，杜甫在成都写的"老妻画纸为棋局，稚子敲针作钓钩"，白居易的"茅屋老妻良酿酒，东篱黄菊任开花"，苏轼的"眼中犀角真吾子，身后牛衣愧老妻"等，这些诗句都把妻子定位在家庭角色，也就是说妻子在这些文人的书写当中，其美貌、形象、神态以及作为一个女性的独特性，几乎都泯灭掉了，只剩下一种家庭身份。宋代苏辙讲"此身已分长贫贱，执爨缝裳愧老妻"，黄庭坚诗写到"老妻甘贫能养姑，宁剪髻鬟不典书"。在这里，所谓老妻，变成了家庭和男性的附属物。当然杜甫也好，苏辙也好，黄庭坚也好，他们和妻子的深厚感情是毫无疑问的，但这种表达方式折射出来的其实是传统社会男女之间的地位关系。正是由于这种关系，所以他们在描写妻子的时候，外貌就不重要了，内心世界中的品行和品德被突显出来，描写的姿态也抛弃了轻薄感，变成了庄重感，由对于欢好的描写，转变成了对于回忆的描写，由对于事件的描写，转变成为了对于日常化、生活化、家庭化的描写。这在唐宋文人如元稹的《遣悲怀》、苏轼的《江城子》等以悼亡为主题的作品中体现得非常明显。

以上是谈身份定位。在唐宋诗词中，女性书写除了身份定位之外，还有一个情感定位的问题。五代欧阳炯《花间集序》中描绘了词这种娱乐方式的生产场景，即创作歌词的文人与表演歌词的歌伎的互动。在这种场合，文人必然是以女性口吻填写词作，于是就形成了"娱宾遣兴"式的表演。这些作品中的情感表达，其实既非文人的自我表达，也未必是女性歌伎的自我需求，这是一种视角上的指向不同，直白地说就是迎合男性欣赏者的视角。在外貌和服饰上那种非常精丽、非常美妙的描写，在女性心理上非常深入的娇弱感的描写、温柔缠绵的描写，其本质上是娱乐男性的视角。它显示出的是和男性的强壮、男性较高社会地位所对应的另外一面的审美。

唐代王昌龄《闺怨》诗："闺中少妇不知愁，春日凝妆上翠楼。忽见陌头杨柳色，悔教夫婿觅封侯。"这是典型的闺怨诗。闺怨的核心在"悔教夫婿觅封侯"。这里面的女性不是一个自足的、完满的女性，她是依托、想念于另外一半的女性，而她的哀婉、缠绵和痛苦都来源于这一点。同样，晚唐温庭筠的《菩萨蛮》词，用了那么多的笔触描写了一个女性早上起来慵懒地准备梳妆打扮的过程，最终的指向是女性的孤单、寂寞，是这个女性整日百无聊赖、等待而不得的那种痛苦。即使如五代韦庄《思帝乡》词："春日游，杏花吹满头。陌上谁家年少，足风流。妾拟将身嫁与，一生休。纵被无情弃，不能羞。"似乎是女性立场的表达，但仔细一想，这种在男性作家笔下的描绘，本质上也仍然是娱乐男性的视角。这种特点和情感定位占据了唐宋诗词中女性书写的主导层面。

宋代都市经济的发展，特别是宋代世俗娱乐的发展，使得宋代女性的地位有所提高。但严格来讲，不能说是女性社会地位，而是女性被感知、被观察的可能性提高了。《清明上河图》里面描绘了很多女性，宋代的笔记里面也记录了很多女性，很多宋元小说里面也涉及大量女性的故事。宋代诗词，特别是词里面也是大量的女性描绘。在词这种形态中，女性是主要的参与者和传播者，这就使得宋词中的女性书写在唐人的基础上有所发展，在个别作家的笔下，对女性的描写深入到她们的心灵世界之中。这是很值得注意的。

如柳永的《定风波》也是讲一个女子醒来百无聊赖之事，但描绘女性的心理活动极为细腻。她说早知道如今只能独守空房，还不如当初把情人的雕鞍锁住，把他锁在自己的身旁，看他读书、写字、做功课，最关键的一点是"镇相随，莫抛躲"，就是要黏着他，片刻不离。他读书写字，女子就坐在他旁边做一点针线活，有一搭没一搭地说说话，这样的生活才是不虚度的光阴。这是很重要的一段描绘，它体现出将女性视为生活中真实女性的视角。词中的这位女性歌伎不是说要用美妙的歌舞或美妙的歌喉吸引男性，相反，她渴望的是匹夫匹妇之情，以及家庭生活的平静和美好，甚至是没有波折的、平淡的家庭生活。这才是把女性当作独立价值来看待的体现。在这种非工具化的描绘中，女性不再只作为男性的对立面存在，而是成为一个人了。女性是一个真实的、生活化的、可知可感的人，是一个让人们同情和感知的形象。这就是所谓人文价值和人文关怀所在，是有很高文学价值的。

■··

陶然：男，浙江大学文学院教授、博士生导师。浙江大学宋学研究中心主任、中国词学学会常务理事、全国大学语文研究会副会长、浙江省大学语文研究会会长、浙江省诗词与楹联学会副会长。主要从事词学及宋金元文学研究。

"三孩"时代，女性何去何从

谢红梅

2021 年 7 月 20 日，《中共中央、国务院关于优化生育政策促进人口长期均衡发展的决定》公布，标志着我国"三孩"时代正式来临。在这样的时代背景下，女大学生的就业与职业发展问题成为一个非常值得关注的议题。作为我国人力资源中的高学历育龄群体，女大学生在自身的生涯发展规划中更加需要自信自立自强，系统整合资源，积极应对伴随生育政策调整而来的就业与职业发展新挑战。

一、现实比想象中更严峻

当前，我国的生育率仅为 1.15，已经远低于国际警戒线 1.5。据人口专家梁建章预测，如果不抓紧采取鼓励生育措施，我国的人口即将会出现"负增长"。中国人口与发展研究中心的研究结果也表明，"十四五"期间我国人口会进入零增长区间。其实，2018 年我国 16 岁以下人口的比重（17.8％）就已经低于 60 岁以上人口的比重（17.9％），显示出我国当前老龄化和少子化程度日益严重。通常来说，65 岁及以上人口占比超过 7％就意味着进入老龄化社会了，2021 年我国 65 岁及以上人口占比突破 14％，不少学者认为，我国已经进入"深度老龄化社会"，按照人均可支配收入来看，我国还处于"未富先老"的情况，社会养老压力凸显，未来家庭和社会都面临着潜在的养老风险的巨大冲击。

我国现在还是发展中国家，各行各业都需要一定的劳动力来降低成本，人口是非常重要的因素，过低的生育率将直接或间接导致劳动力萎缩、老龄化加速、人口红利消失、"剩男"问题严峻等一系列严重问题。生育水平如果降低太快，出生人口规模大幅减少，必然会对我国未来经济社会发展带来全局性、战略性的重大改变和深远影响。可以说，当前"三孩"政策是我国积极应对人口老龄化、促进人口长期均衡发展的重磅政策，是关系国家和民族永续发展的大事，不仅需要国家层面高度重视，也需要国民的正确理解。从人力资本角度来看，女大学生群体是综合素质特别高的优质生育群体，该群体对待国家调整生育政策的态度和行为，不仅对全社会具有一定的示范作用，而且也会对子孙后代未来的生育观念产生重要影响。因此，女大学生群体需要具备应对生育政策调整带来的职场挑战的主动意识，练就系统整合资源的综合能力，才能在未来更好地协调解决履行社会生育责任与自身就业和职业发展之间的矛盾冲突问题。

二、生育政策调整与女性就业歧视

（一）女性遭遇就业性别歧视问题由来已久

女性遭遇职场性别歧视是一个老生常谈的话题。比如，北京大学教育经济研究所 2013 年 6 月发布的对 21 个省份 30 所高校的问卷调查结果显示，男性初次就业率（77.3%）显著高于女性初次就业率（65.9%）。2014 年，中天人力发布相关大数据显示，女性在求职中相较男性明显处于弱势。全球知名人力资源公司任仕达提供的一项对高校就业的专题调查数据也表明，男生就业率为83.0％，女生就业率为79.5％；大部分学生投入找工作的时间为正常学习时间的30％～70％，其中女生高于男生8.6个百分点，但结果却是男生就业率明显高于女生；在控制其他影响因素作用的前提下，签约单位对男生拟付的工资水平高出女生11％。《2020年中国劳动力市场发展报告》显示，在大学生初次就业率上，男大学生比女大学生要高10个百分点。再者，女性的社会劳动参与率相比男性而言下降速度更快。根据智联招聘发布的《2020中国女性职场现状调查报告》显示，女性职场人中有46.3％处于普通员工层级，即几乎半数女性职场人在基础岗位任职，而男性职场人中只有31％处于该层级；在不同级别的管理者中，女性占比普遍低于男性，尤其是在高管层级，女性中只有5％担任高管，而男性中有9％处于高管岗位。这些数据信息都反映出大学生就业和职业发展过程中性别不平等现象的普遍存在。

（二）就业性别歧视不容忽视

目前，全国各地区相继出台各类配套措施，从就业环境、经济补助、社会基础建设及服务等多方面配合"三孩"政策，期望能为生育"三孩"创造友好环境。特别引人关注的是，众多地区的配套措施中将产假延长到半年以上，个别地区甚至延长到一年，还新出台了育儿假等。生育假期的延长在全面"二孩"和"三孩"政策的实施过程中确实是一件好事，它既能促进国家新生育政策的落地落实，同时也是对女性的一种保护规定。但是越来越长的假期也会让用人单位感到不安，担心员工的超长产假导致自身的利益受损。这必然会加剧女性在职场中所遭受的就业歧视，也会成为女大学生就业过程中的重大阻碍。女大学生作为未婚未育的育龄群体，毕业就面临求职择业和结婚生育的双重选择，"三孩"政策会使女性面临潜在的多次职业中断、职业生涯发展受阻甚至离开就业岗位等问题。生育政策调整后，用人单位对女性实际或潜在生育成本的预期提高，而对女性的人力资本和劳动投入的预期降低。可想而知，企业为了消减以后的各种假期和岗位空缺带来的生育成本，在同等条件下必然更愿意招聘男性。许多用人单位在招聘中对求职者提出性别要求，这些职位不属于具有合理性别要求的特殊职业和岗位，这样的做法自然也不符合法律规定的范围，所以各大高校就业部门在面向毕业生发布招聘信息时需要把关招聘广告中的性别限制问题。另外，有些用人单位虽然在招聘广告中没有明确提出性别要求，但实际操作中更加倾向于录用男性，这种隐形的就业性别歧视也不在少数。

三、自信自立自强，主动应对挑战

（一）"巾帼不让须眉"，女大学生当自信

女大学生是国家非常宝贵的高层次人力资源。教育部官网发布的年度教育统计数据显示，我国普通高校本专科女生人数于 2009 年第一次超过男生，占到总人数的 50.48%，比男生多出 20 余万人；截至 2020 年，普通高校本专科女生已经连续 12 年超过男生，超出男生 63 万多人。硕士女生人数于 2010 年首次超过男生，占到总人数的 50.36%，当年女生比男生多 9200 余人；截至 2020 年，硕士女生人数除 2017 年与男生基本持平外，其他十年均超过男生，2020 年女生超出男生 13.5 万多人。女研究生人数也于 2016 年首次超过男生，占到总人数的 50.64%，当年女生比男生多 2.5 万余人；2020 年，女研究生人数比重为 50.94%，女生比男生多出 5.9 万余人。另外，博士女生的比重也一直逐年持续提高，已从 2010 年的 35.48% 提高到 2020 年的 41.87%，近十年年

均提高 0.64 个百分点。反观初等教育和中等教育，近十年女生比重基本稳定，初等教育保持在 46.32%～46.67%，中等教育保持在 46.62%～47.39%，最大波动幅度还不到 0.8 个百分点。这说明，我国义务教育阶段男女生比重与人口性别比例基本一致，但在高等教育阶段，女生明显比男生更具优势，接受高等教育的人数也更多。女大学生越来越多，这在各个国家都是趋势。在亚洲国家，女大学生普遍比男生多。美国大学男女生的比例在 20 世纪 80 年代已达到各占50%，到 2010 年，美国大学生中女生占了 57% 左右。从我国最近这些年的情况来看，女大学生的人数依然呈明显上升势头。

（二）"妇女能顶半边天"，女大学生当自立

女大学生群体的专业素养与综合能力足够强。国家每年都给我国高等教育投入巨额的资金与全方位的支持，不仅帮助大学生顺利完成学业，而且注重培养大学生各方面的素质与能力。女大学生作为接受过高等教育的群体，在专业理论学习与研究方面都与男大学生一样得到过相当多的培养和锻炼。纵观高校设立的各类奖项，女生与男生相比不但不落后，甚至还在很多项目上拔得头筹，有相当一部分女大学生的专业素养与综合能力远远超过男生。另外，相对男性来说，女大学生群体还具有一些突出的特点，比如，女大学生普遍沟通表达能力更强，考虑问题更加细致，处理问题更加缜密，这也是女大学生在职场上可以充分发挥的优势。虽然职场上经常会出现"宁选武大郎不选穆桂英"的现象，但先成为"穆桂英"依然是女大学生今后能够充分施展才华的先决条件。国家生育政策的调整往往会率先影响到女性育龄群体的心态。2015 年，张抗私等学者发表的对全国范围内 63 所高校的 6000 余名大学毕业生进行的实地调查结果显示，有 68.31% 的本科女生担心生育对就业有负面影响，76.12% 的女研究生担心生育对就业有负面影响，当时我国全面

"二孩"政策尚未正式出台。当下步入"三孩"时代，女大学生必然面临更大的挑战，对就业和未来职业发展的担心忧虑是难免的，在学期间更加需要排除外在负面因素的干扰，聚焦提升自身的人力资本、心理资本和社会资本，积极做好就业准备和生涯发展规划。

（三）"风雨彩虹铿锵玫瑰"，女大学生当自强

女大学生能够为经济社会发展做出双重贡献。当前，要想实现党中央提出的"促进人口长期均衡发展"这一关系国家和民族永续生存及长久安全的重大目标，就需要多措并举切实提升育龄家庭，特别是育龄女性的生育意愿。平衡家庭与事业的关系，承担所肩负的社会责任与职业发展，对当代女大学生而言确实是一大考验。首先，女大学生要明晰国家调整生育政策所蕴含的对国家和民族永续发展的重大意义，并在遭遇职场就业歧视时理直气壮地摆事实、讲道理，充分发挥自身作为高层次知识女性的力量和优势，主动宣传国家生育政策调整的意义，促进社会共识的更多达成。其次，女大学生要勇于利用法律法规武器解决在应聘、就业、职务晋升等环节遭遇到的职场歧视。2019 年 2 月 21 日，人力资源和社会保障部、全国妇联、教育部等九部门出台了《关于进一步规范招聘行为促进妇女就业的通知》，该文件关注女性的平等就业权利，对女性就业歧视问题建立了举报机制、司法救济、加强职业指导和职业介绍等机制，并建立了多部门协商、联合推出了一揽子政策体系。2021 年 6 月 17 日，科技部会同全国妇联等 13 个部门印发了《支持女性科技人才在科技创新中发挥更大作用的若干措施》，积极推动女性科技人才队伍建设。2021 年 7 月 20 日发布的《中共中央、国务院关于优化生育政策促进人口长期均衡发展的决定》明确提出，保障女性就业合法权益；规范机关、企事业等用人单位招录、招聘行为，促进妇女平等就业；落实好《女职工劳动

保护特别规定》，定期开展女职工生育权益保障专项督查等内容。这些政策的接连发布，均聚焦女性群体的就业与职业发展，体现了党和国家对女性的关心与爱护，也为女大学生维护合法权益提供了法规保障。再次，女大学生要学会整合资源，充分挖掘和利用社会、单位、家庭以及朋友等社会支持系统中所蕴含的助力，协调解决因生育带来的与职业发展之间的矛盾冲突，兼顾事业与家庭的和谐发展。最后，女大学生要积极关注人工智能时代职业世界向无边界、个性化发展变化的趋势，新兴职业的迅速崛起所带来的更富有弹性的创新性职业发展机会，传统的雇佣关系也许会越来越不重要，未来个体对职业生涯的掌控更加需要自我驱动和价值引领，女大学生从现在开始就要有意识地为适应未来职场的迅猛发展变化做准备。

总之，女性是家庭和子女获得幸福美满生活的核心，女性自身事业的健康发展也能够更加有力地促进整个国家和社会的和谐健康发展。期待政府层面能够将促进女大学生就业、维护就业公平的各项政策压紧压实，用人单位层面能够给予女大学生更多公正、公平、公开的就业机会，高校层面能够全方位指导女大学生提升就业竞争力，社会相关幼儿托管服务机构能够形成合力，为女大学生群体在未来的职业生涯中绽放出绚丽的生命之花奠定坚实基础。

谢红梅： 浙江大学学生职业发展培训中心副主任、教授，全球职业规划师（GCDF）、国际生涯教练（BCC），全国高校就业创业指导教师培训特聘专家。长期从事大学生生涯发展教育工作，是浙江大学生涯规划类课程的开创者之一，曾荣获浙江省教学成果一等奖，多次获评浙江省大学生创新创业大赛优秀指导教师、杭州市大学生就业创业"师友计划"优秀导师等荣誉称号。

超级演说家如何先声夺人

包林帆

什么是演讲？顾名思义，可以理解为"演"和"讲"，具体来说是使用体态语言和声音语言完成的交际活动。这样的定义没有错误，但这只是从形式上对演讲进行了定义。为什么对演讲的理解不能只局限于此呢？因为会混淆演讲与沟通的区别。如果基于形式上的定义，它们就是一回事。

演讲和沟通是不同的。沟通是交际双方在语言上相互往来的过程，关系相对平等；演讲则是演讲者一方向观众一方传达思想情感，交际双方是主体和受众的关系。

通过对比可见，演讲者背负着一份责任，那就是：要对受众产生影响。与此同时，领导力本质上就是影响力。从这个认知角度来说，演讲就是领导力。说得准确一些，虽然领导力不都是来自演讲，但是会演讲就一定有领导力。

那如何学习掌握具备影响力的演讲，让自己更具领导力呢？

一、游戏体验

邀请你完成一场简单的游戏体验，不用紧张，游戏规则非常简单。

想象一下，此刻的你，正在参加的是"演讲成长营"活动。面对来自大江南北的新朋友，需要自我介绍。你稍作思考，自我介绍的内容已经大体有数。不过，由于参加活动人数较多，主办方把现场分成了五个团队，也就是说，你要面对不同的团队做五次自我介绍。

你突发奇想：差不多的内容，用不同的状态来展现，会不会有不一样的效果呢？既然是演讲成长营，你想不妨试试看，说不准通过这样的体验，对演讲会有帮助呢。

你快速找到了五种不同状态，分别是：1. 逃避地；2. 试探地；3. 抗衡地；4. 挑战地；5. 威慑地。为了能够对状态有更直观的把握，你还为五个状态逐一找到了一个特征明显的动物来参照，它们分别是：1. 兔；2. 猴；3. 猿；4. 狼；5. 狮。

一场场带有角色扮演性质的自我介绍开始了！

首先，来到了第一个团队。你充满了恐惧，像是一只时刻想逃离的兔子一样开始了自我介绍……

接着，来到了第二个团队。你尝试着表现自己，像猴子一样试探危险的界限到底在哪里……

然后，来到了第三个团队。你有着充分的安全感，"人不犯我，我不犯人"，不受外界的影响，当然，你也保持着我行我素，丝毫没有想过要把自己与眼前的一切产生关联……

现在，来到了第四个团队。你有着强烈的"野心"，你要让这里因为你的出现而变得不同，甚至，你想让他们都记住你……

最后，来到了第五个团队。你从容稳健，对接下去的见面成竹在胸，你发自内心地觉得，这不过是一场自我介绍，他们肯定可以对你有深刻印象……

体验结束，你观察到了什么？它给你带来了哪些启发？现在，请把你的观察和启发逐一记录并做整理。

二、演讲者的定位

前面游戏体验中的角色扮演，会带来一个重要的启发：演讲者的定位很重要。

演讲者有了内容，但对自己的定位不同就会有不一样的结果。如果演讲者给自己的定位是"兔子""猴子"，那么站上舞台的时候，不是演讲者在影响受众，恰恰相反——是受众影响着演讲者。如果演讲者给自己的定位是"猿"，虽然演讲者没有被受众影响，可演讲者也没有担负起该负的责任——影响受众，他也就不能被称为一名合格的演讲者。只有演讲者开始扮演"狼"甚至是"狮"时，一个有影响力的"角色"才真正出现了。

有人说，当以"狼"或者"狮"的状态出现时，虽然能够影响受众，但也会不讨人喜欢，甚至让人反感、生厌，那演讲还如何开展呢？

这个思考非常正确，确实，没有人喜欢被改变。演讲者要扮演"狼"甚至是"狮"的角色，不是说他要赤裸裸地告诉受众："我现在在挑战你！我现在在威慑你！"而是说，他的内心要对自己有一个正确的定位："我是来影响别人的，我不是来被别人影响的。"

在这样的矛盾下，演讲如何展开呢？这正是演讲要解决的问题。正是没有人喜欢被改变，而演讲者的责任就是要改变和影响别人，演讲才需要学习和钻研，演讲这件事才有着不一样的价值，一名优秀的演讲者才更值得被钦佩。

诚然，优秀的演讲，是要让受众不知不觉或者心甘情愿地被影响，不过，学习不可能一蹴而就，需要一步步来。演讲学习的第一步，是要学习如何让自己的内在状态，实现从"兔子"到"狮子"的转变。

三、演讲者的状态

在前面的游戏体验中，参与者几乎都会有相同的深刻感受。比如：同样的内容、同样的熟悉程度，扮演"兔子"的时候就非常容易忘词，而且一旦忘词脑袋就会出现一片空白以至于不知所措；扮演"狮子"时，就不会出现这样的情况，即便忘词了大脑也会快速反应，化解问题。再比如说：同样的思路和框架，扮演"兔子"时能说的内容就少，扮演"狮子"时内容就多；而在展现的过程中，扮演"狮子"时声音会很自然地变得有力，甚至还带出了动作手势……

是什么让这些外在表现得以发生？这便是演讲者的内在状态使之然。从"兔子"到"狮子"的过程，演讲者的内在状态发生了怎样的改变？那就是从"被动状态"转变成了"主动状态"。

如何通过刻意训练，使得演讲者上台后能够拥有主动的状态？这里有四个非常重要的点。

一是节奏。节奏是一个深奥复杂的概念，落实到初学者身上，方法很简单：学会大方地停顿。"兔子"在演讲时生怕自己出错，一旦停下来就会不知所措，感到尴尬窘迫，因而会用很快的语速带过，或者用"嗯""啊"等口头禅来掩盖。"狮子"在演讲时则不同，需要刻意强调的地方、需要受众理解的地方，都会留出时间。正是这份"留白"，把主动权握在了手上。因之，练习"停下来"的能力，是每一位演讲者的必学之术，"表达行不行，就看停不停"。

二是态势。态势是神态、体态、手势等的统称。"兔子"的态势，神态一定是躲闪地、畏惧地，体态一定是收着地、缩着地，手势一定是僵化地、

碎小地；反之，"狮子"的态势，神态一定是坚定地、迎接地，体态一定是
舒展地、提振地，手势一定是开放地、自由地。与此同时，态势的不同，直
接导致声音状态的不同，"兔子"是用"嘴皮"说话的，"狮子"是"胸腔"
说话的。对态势勤加练习，演讲在不经意间就会有质的飞跃。

三是内容。同样的思想情感，"兔子"和"狮子"生成的内容一定也不同，
前者会很生硬简短，因为这样才不会引起受众过多的注意，而后者则会尽可
能地生动丰富，因为这样才会更大程度地得到受众的关注。那么如何通过刻
意训练，让自己的内容生动丰富起来呢？答案是：充分运用中小学时学过的
语言艺术手法。多使用描述、抒情等表达方式，多使用托物言志、情景交融
等表现手法，多使用比喻、拟人等修辞手法，平平无奇的思想情感一定会变
得鲜活多彩起来。

四是应激。遇到突发情况，"兔子"是手足无措、目瞪口呆，"狮子"
是急中生智、力量骤增。这就是为什么同样是面对忘词，"兔子"会脑袋一
片空白，"狮子"则能快速化解。演讲台上随时都有各种预料之外的情况发
生，怎么办？时刻暗示自己要用积极的心理反应去面对任何状况。慢慢地，
不论遇到什么情境，都能更为平和地处之，做到"猝然临之而不惊"，进而
就能实现主动作为。

稳住节奏，打开态势，丰富内容，训练应激。不断地刻意练习这四点内容，
假以时日，演讲者的主动状态就有了，学好演讲的基础就扎实地奠定了。

四、演讲者的能力

掌握了演讲的状态，演讲的内容便成了需要思考的话题。那么，演讲者
如何在这个环节实现精准有效地提升呢？我们把演讲分成三个阶段，通过阶

段的划分，演讲者就可以根据个人情况进行针对性的学习。

有一个表情包大家都很熟悉："俺也一样！"，它来自中央电视台播出的1994版的电视剧《三国演义》。刘备、关羽、张飞三人一见如故，决定结拜为兄弟。刘备说："备欲同你二人结拜为生死弟兄，不知二位意下如何？"此时的关羽和张飞自然是激动万分，我们来看看关羽和张飞的区别。

关羽说："关某虽一介武夫，亦颇知忠义二字，正所谓：'择木之禽，得栖良木；择主之臣，得遇明主。'关某平生之愿足矣！从今往后，关某之命即是刘兄之命，关某之躯即为刘兄之躯，但凭驱使，绝无二心！"张飞说："俺也一样！"

关羽仍觉态度还不够明确，言辞不够恳切，又补充说："誓与兄患难与共，终身相伴，生死相随！"张飞说："俺也一样！"

关羽继续说："有违此言，天人共戮之！"张飞说："俺也一样！"

关羽和张飞的不同表现，直观体现出了两人之间思维力的差距。如何用语言将思想情感呈现出来，便成为演讲的内容，这是演讲的第一个阶段——内容生成阶段。

内容生成了，就要将它表现出来，这是演讲的第二阶段——内容外化阶段。这个阶段考验的是演讲者的表现力。

内容表现出来了，就一定能够将它送达到受众心里吗？当然不是！这时演讲就到了第三阶段——内容传达阶段。此时，演讲者就要开始关注受众，并争取最大程度地将内容送达。这个阶段中，演讲者需要具备的能力是：感染力。

对演讲进行三个阶段的划分，演讲者就可以明确地知晓：要精进演讲能力，需要精进的无非是三项基本能力——思维力、表现力、感染力。

如果脑袋里总是一片空白或者一团乱麻，不能形成属于自己的演讲内容，那么，就需要有针对性地掌握思维力；有内容却不能很好地展现出来，那么，就需要有针对性地锻炼表现力；如果演讲让受众无感，或者难以接纳，甚至让受众抗拒，那么，就需要有针对性地提高感染力。

五、行动起来

前面的内容，只是演讲世界中的冰山一角。演讲艺术和其他艺术一样，有着无穷尽的奇妙正在等着被发现；演讲艺术也和其他艺术一样，只有通过不断地学习提升、实操训练，才能真正走近它。

如果你有强烈意愿提高自身的领导力，而你又确实已然意识到了演讲之于领导力的重要价值，那么不妨马上行动起来。

就从抓住每一次日常公众讲话的机会开始！要知道：日常公众讲话，最能锻炼、巩固和提升良好的演讲状态。

就从争取参加各类语言类赛事开始！要知道：参加语言类赛事，最能锻炼、巩固和提升演讲所需的各项基本能力。

"你能面对多少人讲话，你的成就便能有多大。"加油！

包林帆：男，浙江农林大学讲师，兼任中国语文报刊协会演讲与口才分会副会长、教育部全国职业核心能力认证办公室（CVCC）"演讲口才指导师"和"面试指导师"项目负责人等。曾担任"演说中国"全国总决赛评委、浙江省大学生辩论赛总决赛评委等工作，出版有《社交与礼仪》等著作，曾获教师教学大赛浙江省第一名、微课大赛浙江省一等奖等成绩，先后受邀在中央党校等政府部门、高校及企事业单位演讲和授课。

不设限的人生，从大学起航

李莲萍

　　大学期间的社会实践工作、学习行为习惯的养成和经验经历的积累，对大学生们毕业后走上工作岗位，乃至整个职业生涯的发展都至关重要。我从大学生领导力的组成要素、大学时期领导力培养实践的意义和途径、女大学生的职业选择三个方面与大家进行分享。

一、领导力的概念和组成要素

　　领导力不等于权力和职称，不是坐在领导的岗位上才有资格谈领导力。以领导力著称的西点军校对"领导力"的解释是：领导力的发展，就是一个人认知自己的能力，以及多视角看待世界的能力。从这一维度来说，领导力并不是正式组织中领导者所专有的能力，而是关乎每个社会人。对于青年大学生而言，领导力一方面是在实现个人目标和团队目标过程中体现出的自身影响力，另一方面是在事务处理过程中具备的能力和素质。

　　第一，领导力发生在组织语境之中，团队是领导力发生的环境。这个团队由个体所组成，并拥有共同的目标，它可以是很小的学习工作小组，也可以是大型社团组织。领导力必须指引团队完成某种任务或达到某种目标。

　　第二，沟通交流是人与人之间交际的桥梁。在一个团队中，沟通协调能力是促成合作的重要因素，是科学决策、正确实施决策的基础，是提升组织整体领导水平的重要途径。提高沟通协调能力，要求我们树立服务观念，学会换位思考，掌握协调方法，运用好技巧艺术。

第三，是资源整合的能力。一个优秀的领导者，不在于一切都靠自己完成，而是善于对别人智慧、其他资源价值的整合。这种整合不是简单的堆砌，也不是简单的罗列，而是用某种新秩序、新关系对资源、智慧、能力进行整合。这种整合能力越强，创新力就越强。

第四，是要有开阔的眼界、思路、胸襟。作为领导者，要树立全局眼光，做到眼界宽、思路宽、胸襟宽，不断增强辩证思维，丰富自身知识储备，掌握过硬本领。拓宽眼界，就是要利用好在大学阶段的各种学习实践机会，努力掌握各种新知识，更深入地认识当今世界，用发展的眼光看待问题。拓展思路，就是要改变旧的思维定式，变保守思维为创新思维、单向思维为多向思维、封闭思维为开放思维、机械思维为辩证思维，经常反思，善于批判，敢于质疑，学会多角度、全方位地思考问题。开阔胸襟，就是要有大度容人的品格，容得下敢于提批评建议的人，容得下反对过自己的人，容得下与自己有隔阂的人，容得下才能超过自己的人；要有见贤思齐的品格，在团队内形成互尊、互敬、互爱、互补的良好风尚；要有从谏如流的品格，善于以人为镜，明己得失，虚心纳谏，改己之过。

第五，是拥有坚韧的毅力定力。为什么说"行百里者半九十"？愈做大事者愈需要坚定的毅力，坚忍不拔，百折不挠。在一个完全不确定的环境中，我们只有保持内在的稳定性，才可以感知外部的世界。当我们足够坚定自己的信念，不受环境影响保持行动，才有可能实现最终的目标。常有基层的年轻干部因工作不受重视来找我倾诉委屈，我给的建议只有一个：耐得住，不要急，时间可以证明一切。人生从来都是长跑，不存在"输在起跑线上"，你可以随时起步，只要一步一步往前走就可以。

二、大学时期学生领导力培养的意义和途径

大学生群体正处于从学校走向社会的过渡时期。提升领导力，对于提高大学生的综合素质能力，培养和提升以后在专业领域、工作岗位、社会生活上的影响力，成为适应新时代发展要求、全面发展的高素质优秀人才具有十分重要的意义。要在大学时期培养锻炼领导力，可以从以下几个方面着手。

一是增加阅历和抗压能力。抗压能力是职业发展非常重要的因素。成功有一个定律——20％智商＋40％情商＋40％逆商，逆商就是指抗压的能力。当下社会各个领域竞争都日益激烈，只有抗住压力的人，才能走到最后。如果我们在求学期间只注重专业知识，忽视心理健康，在面对困惑或逆境时总是不知所措，在求职过程中抗压能力差，都是大学生就业难的原因之一。我们常说"压力越大动力越大"，实际上，人们所感受的压力大小，并不源于生活事件本身，而源于自己如何看待它。谁耐压能力越强，谁的成就就越大。因此，大学生们应多走出校园，参加社会实践，丰富自己的经历和阅历，在日常工作生活中锻炼坚忍不拔的性格，通过正确归因、积极的自我暗示、目标调整、合理宣泄等方法应对压力，沉着冷静地处理遇到的问题，用积极的乐观心态克服一切困难。

二是提高认识问题、分析问题、处理问题的能力。这一能力在大学期间就应该养成和提升。解决问题的能力是现代人职业生涯中十分重要的能力，是我们在学习工作中一生都会面临的课题。现在的大学课程内容充实多样，可参加的课余活动丰富多彩，提供了很多学习和实践的途径。我认为，大学学习当然要学习专业知识，要掌握专业技能，但更重要的是要学习掌握知识

与技能的途径、方法，提高思维能力，提高观察、分析和解决问题的能力。因此，在学习过程当中，我们必须将理论与实践相结合，它不仅可以帮助我们牢牢掌握已经学到的知识，还可以运用知识分析和解决问题，从而提升自己的创新能力。

三是提前认知社会，明确职业选择，增强社会竞争力。虽说大学是个"小社会"，但学校和社会的运行规则有很大不同。不少大学生对社会的看法趋于简单化、片面化和理想化。一些企业在招聘大学毕业生时，同等条件下会优先考虑曾经参加过各种实践、具有一定组织管理能力的毕业生，而不是缺乏工作经历与生活体验的大学生。这就需要我们在就业前注重培养自身适应社会、融入社会的能力，提高就业竞争力。同时，在明确职业选择后，大学生要根据职业和社会发展的具体要求，建构合理的知识结构，培养职业需要的实践能力，具备从事行业岗位的基本能力和专业能力，最大限度地发挥知识的整体效能。

四是学会平衡好工作和学习之间的关系，做好时间管理。大学生尤其是女性大学生走上工作岗位后，能否平衡好工作、家庭、子女教育等关系决定了职业生涯之路能走多远。现实生活中，很多职业女性在生育"二胎""三胎"后不得已做了全职妈妈，或者转到更为轻松的工作岗位，放弃了自己原先的职业理想。在大学期间，大家就要学会在专业学习、学生工作、社会实践中，不断优化时间管理，摸索出适合自己的高效工作和学习方式，能在不同的角色间快速切换并进入到最佳状态。只有提前养成良好习惯，才能尽快适应走上社会后的工作和生活平衡状态。

五是学会健康管理，增强身体素质，保持旺盛精力。现代社会节奏快、压力大，走上工作岗位后，精力和体力是非常重要的因素。因此，大学期间要保持好每日定时科学锻炼身体的好习惯，最好要有一项体育爱好。走上工作岗位后要保持和坚持运动的习惯，才能有足够的精力和体力去应对繁忙的工作和家庭生活，也能在一定程度上避免抑郁等心理问题的发生。

三、女大学生的职业选择

随着高校女生比例的不断上升和计划生育政策的不断放开，女性在职场上承受的压力越来越大。无论是社会性别歧视，还是女性传统角色的约束，都为女大学生就业带来较大障碍。我根据自己的个人经历和在工作中的观察总结，对女大学生就业选择提出以下几点建议。

首先是了解自我，提高职业规划意识。通过科学认知的方法和手段，对自己的兴趣、气质、性格和能力等进行全面分析，认识自身的优势与特长、劣势与短板，找到内在兴趣与竞争力，据此制定个人职业发展目标并付诸实践。在认识自己的过程中，最重要的就是不断实践、不断试错。我们对自己的认知是有限的，可以通过不同的体验去辨识自己、解决疑惑，正如山本耀司所说"撞上一些别的什么，反弹回来"，经历过后就会知道自己真正的喜好与擅长的领域。同学们要多通过兼职、实习等机会，尽可能地体验不同行业，与相关职场人士建立交流通道，参加开放的职业分享活动，提升对社会、职场的认识。

其次是修炼内功，提升核心竞争力。作为新时代的职业女性，要想在激烈的竞争中生存和发展下去，必须要坚持"活到老，学到老"，与时俱进，不断更新知识。许多女性成家后，面对家庭的多重角色以及繁琐的家务劳动，缺乏主动学习的劲头，对工作丧失强烈的进取心，影响了自身能力的提高，导致职业生涯发展停滞不前。因此，身为职场女性，要不断修炼自己的内在，终身学习，完善自我，实现"鱼与熊掌兼得"的理想状态。女大学生在大学期间，要注重综合素质的提升，加强专业学习，扎实打好基础，培育自身优势，提升就业能力。要抓住社会实践的机会，锻炼实践能力、组织能力、社交能力，提升自我效能感。

最后是科学定位，提高平衡工作与家庭的能力。职业女性在工作中承担着重要职责，在家庭中也扮演着妻子、母亲等多重角色，职业女性的工作、家庭冲突成为长期以来备受关注的问题，也是大多数女大学生毕业后会面临的困惑。社会纵然带给女性先天的压力，但更重要的还是自己的选择和努力。现代社会已经在努力帮助女性争取更多权利，比如对女性的保护、企业对于多元文化的关注等。所以与其总是囿于外界，不如修炼内功，及早制定个人职业生涯规划，明确总体目标和阶段目标，知道自己在每一阶段的侧重点，懂得取舍，平衡好家庭与事业之间的关系。如果在事业的高峰期生育，的确会对女性事业发展产生不良影响，但如果在生育期间能保持对社会以及行业发展的密切关注，不放弃充电，不忘记学习新知识，还是可以协调好相关矛盾。

对于现代职场女性来说，家庭与工作不应该处在对立面。女性努力工作，打拼事业，一方面是为了实现自身价值，另一方面也是为了改善生活质量，为家庭幸福提供充足的物质保证。女性，在她的人生角色中，可以是母亲、是女儿、是妻子，更可以成为开拓者、思想者、探险者、创造者。在万千变化的世界里，女性有着无限的可能，只要不给自己的人生设限，我们每一个人在不同阶段都存在着无限的可能。

李莲萍：毕业于中国计量大学，大学期间曾任浙江省学生联合会主席。现任杭州市临安区委副书记，曾任共青团杭州市委书记，杭州市西湖区北山街道党工委书记等职。

女性生活中重要的事件

祝一虹

关于女性这个主题，我第一个想到的是阿琳·理查兹，在我学习精神分析的时候，她是我们的老师之一。在我看来，她从自己作为女性的经历以及精神分析的视角对女性有着最深刻的理解，最重要的是，她自己就是一个女性的传说。阿琳笔下的女性力量是从拱廊开始的，这是温暖的、庇护的、有限制的过渡空间，也是我们生命中第一个女人给我们的感觉。由此我想到了塘栖古镇的廊檐，它是街市中一道亮丽的风景线，清代诗人王拭曾有一首描写塘栖廊檐的诗："摩肩杂沓互追踪，曲直长廊路路通，绝好出门无碍雨，不须笠屐学坡翁。"曲曲直直的长廊将全镇连成一片，出门连下雨都用不着戴笠穿屐了。塘栖本就是个鱼米之乡，这些养育和庇护的气息让这个小镇散发着母性的气息、女性的力量。

相较于男性，女性常常是被忽略的，弗洛伊德的理论中涉及女性的部分很少，男性是理论发展的重点。他也曾试图解开女性这个谜团，但是建立在男性嫉羡基础上的理论似乎不足以解释女性。在他的理论中，女性性别相较于男性总是缺失了一些什么，而没有从女性的独特性中看到女性。不被听到、不被允许表达，使得她们在生活中常常有被忽视的感觉。精神疾病中女性的癔症发病率远远高于男性，这与女性的不被听见、只能用身体来表达情绪不无关系。

因为传统的影响，有权利的知识女性也并不能完全按照自己的方式展示自己。英国的女首相撒切尔夫人曾经练习如何发声，以使得自己的声音听起来像男性，因为如果声音是女性的，就意味着权威性不够，而传统上男性是有权威、主动的。新中国成立以后，男女各占半边天的理念让更多女性有了展示自己的机会，在极大程度上提高了妇女的地位，一大批能受到教育的女性由此获益。

随着科学的进步，男女在工作上对体力的要求越来越少，女性不再因为身体而受限于某些工作。不可否认的是，无论怎样平等，女性成功的标志在很多时候仍然参照男性世界的标准，并没有体现出女性独有的特点。女性本身是个宝藏，有很多独特之处。虽然很多学者致力于研究女性，但我们能看到的仍然只是冰山一角。女性到底应该是怎样的，在我看来既不需以男性为参照物忘却自己，也不需特意自成体系抛开男性。

1958 年，在美国加州的女子私立大学米尔斯学院（Mills College），142名女大学生参与了一项关于"女性创造潜力"的研究，这项"米尔斯研究"后来发展为一项持续追踪女性 50 年生活的漫长研究。这群"米尔斯女性"在21 岁、42 岁、52 岁、61 岁和 72 岁时，一次次在研究者面前谈论她们的人生、价值观、亲密关系、性生活、健康、财务状况、事业和家庭的平衡……这个研究可以帮助我们从比较科学的角度看待女性生活中重要的事件。下面我将引用来自于这个研究的一些结论，讨论女性事业的成功，事业与家庭的平衡，从而帮助女性寻找自我。

一、事业成功的要素

参加米尔斯研究的女性是经过挑选的，她们是在 20 世纪 50 年代能够上私立大学的女生，一般家里经济状况都非常好，在家中也受父母的宠爱。经过老师评估，有 31 人从 142 位大学女生里脱颖而出，被认为极具才华潜力。在这 31 位女性 42 岁的时候，有 13 个人取得了事业上的成功，被评为"超出平均成功的创意型职业者"。

和相对没那么成功的 18 人相比，这 13 名事业成功者在 21 岁时就显示出了如下特征：更有创造力、更关注哲学问题、更能言善道、有更丰富的表情和手势表达能力、更有抱负、更想去读研究生，也更想从事能发挥才能的创意型工作。最出乎意料的特征是她们更受父母重视。一般来说，多子女家庭里，男孩往往会受到特别的重视和偏爱。但那 13 名事业成功的米尔斯女性却是例外，她们往往是家里的长女，她们的兄弟觉得她们才更受父母重视，她们的父母也觉得自己不那么在意孩子的性别。当女性的性别不那么被在意的时候，她们获得了更多的机会。还有一点是她们更认同父亲的成就。目前来看，事业成功者男性比女性多，毕竟家庭事务占据了女性事业较大的一部分。

男女分工天然的不同对此有着很大的影响，女性在这方面是有潜能的，只是在家庭中的投入，掩盖了大部分女性可能有的光芒。对父亲的认同，当然前提是父亲足够积极也愿意主动对女儿施加影响，意味着她们更多学习父亲的观点和行为，其中可能包括对事业的更多投入。

在女性是否与男性一样适合干事业这个问题上，社会一直是有偏见的。来自男性的声音往往是"这是一群头发长见识短的人类，不适合成为事业上的队友"。然而这个研究显示，当你足够投入的时候，当你具备了相当高的素质的时候，作为女性，你也可以成功，这与性别的关系没有那么大。

那为什么现实中成功的女性仍然不多呢？很多女性因为下班后要照顾孩子，不能像男性一样更多投入事业，这很大可能就限制了她们的发展。比如你会发现大学女教授明显没有男教授那么多。当然，女性永远不需要在事业成功的单一维度上和男性较劲来证明自己。

二、事业和家庭的平衡

性别带来了不同的社会价值观和期望，当我们知道自己在事业上并没有太逊色，而只是选择而已，在面对事业和家庭的选择时似乎会变得更容易一些。

所有"米尔斯女性"都认为自己将来会结婚，也都认为自己将来会有小孩。142 位"米尔斯女性"毕业后，几乎都是要么选家庭，要么选事业，只有5 个人选择"我全都要"。27 岁时已婚的"米尔斯女性"对婚姻的看法，可以分为四类：

1. 锚定人生型："婚姻深刻且真实地增加了我的幸福感，并为我的日常活动提供了更好的基础。"

2. 定义自我型："婚姻完全适合我，女人应该待在家里，为我的丈夫和孩子创造一个舒适、安全、激发智力的地方。"

3. 限制自我型："婚姻在许多方面限制了我。如果我在结婚之前知道这些，我会再考虑考虑的。"

4. 困惑迷惘型："我经常质疑自己够不够'女人'，能不能跟上丈夫的步伐……我觉得自己没有以前那么自信了。"

事实上，也有"米尔斯女性"因为缺乏对亲密关系的信心，觉得自己难以胜任妻子和母亲的角色，才一直选择工作。但她们却往往选择了没有上升空间的低薪工作。还有 16 位女性在 28 岁前既没有组建家庭，也没有开始职业。在大学时，这 16 个人显示出一些"内在力量较弱"的迹象——幸福感、自我接纳、独立性都较低，自我形象比较消极。但这些女性在 40 岁左右时，结婚生子的压力减小之后，反而适应得更好。

米尔斯研究又把 42 岁的女性按照"传统程度"分为五类：

1. 结婚生子、每周花在有偿工作上的时间不到 8 小时的全职妈妈；

2. 结婚生子、工作时间较长的工作妈妈；

3. 离婚的单亲妈妈；

4. 已婚无孩的女性；

5. 从未结婚生子的女性。

结果发现，结婚生子的女性，责任心、容忍度和自我控制都增强了，自信、自尊、自我接纳和社交能力则下降了。不太工作的全职妈妈，抑制冲动的能力远高于其他四类女性，她们的幸福感从 21 岁到 42 岁是下降的。42 岁时，工作的"米尔斯女性"在独立性、自信和支配力上都提升了，而全职妈妈在这些方面没有变化。曾经是全职妈妈，但在 42 岁之前已经重返职场的女性适应得很好。

从这个结果来说，女性完全放弃自己在事业上的追求，并不是最优选择。事业对一个人来说除了是一份职业，也许意味着更多，比如人际关系社会交往的维持，这在多项研究中被认为是与幸福感高度相关的，在女性中也不例外。

三、寻找真正的自我

人到中年，性格即命运。根据心理学家简·卢文格（Jane Loevinger）的自我发展理论，一个人的"自我"其实是一个参照系，包括性格、认知方式、生活方式、应对问题的方式、道德判断、人际关系、冲动控制等。每个人都用这一整套系统来理解自己的人生，给自己的人生故事赋予意义。

从"大五人格理论"来看，责任性高的女性是贤妻良母，而且很少离婚；外向度高的女生很关注女性主义运动；开放性高的女性更可能去读研究生。

卢文格将自我发展分为十个阶段，包括最幼稚的第一阶"前社会阶段"，到最成熟的第十阶。在 42 岁时的自我发展方面，7 位"米尔斯女性"脱颖而出，达到了第九阶"自主阶段"。她们的共同点是，历经沧桑，有童年不幸的，有工作经历不顺的，有性别认同不符合社会期待的。7 个人里，4 位是职业妇女，3 位是家庭主妇。7 个人里，4 人接受了长期的心理治疗。所有职业女性都找到了某个鼓励她们追寻自我成就的"导师"。

和其他"米尔斯女性"相比，这 7 位女性能清晰地认识到自己生活里不满意的地方，能想象出别的替代的道路，并有勇气、智慧和能力来推动改变。她们深刻地观察并理解自己的人生，并能清晰地知道自己身上发生了哪些变化。其中一位职业女性在身边两个亲人逝世并遇到重大职业挫折后写道："我重新审视生活。我现在 40 多岁，没有稳定的事业。我要去向何方？我多年的奉献给我带来了什么？谁真正关心我？我开始寻找，拓宽视野，联系老朋友，结交新朋友。我追寻着新灵感、新工作、新旅行，获得了婚姻和深深的满足感……"女性不但可以终身成长，而且往往能在苦痛或边缘化的生活里成长，总有些女性在痛苦中破茧成蝶，走上属于自己的道路。

也许很多人会觉得，女性世界里仍然会把事业的成功定义为人生的成功，把自己和男性放在同一个角逐场里，除此以外，似乎我们没有更好证明自己的方式。正如弗洛伊德的理论中曾经提到女性对男性的嫉妒，显然女性是缺了一点什么的。当然后续也有理论认为不是这样的，女性对自己身为女性也有自豪感。

米尔斯研究很好地证明了当男女站在同样的起跑线上，他们也许并没有差异。然而社会赋予了女性独特的部分，女性是可以主动选择的。

祝一虹： 博士，副教授，硕士生导师，浙江大学心理健康教育与咨询中心副主任，入选首届浙江省"高校心理教师年度人物"。中国心理学会临床心理学注册工作委员会注册督导师，美国康奈尔大学医学院高访学者。从事心理咨询工作近 20 年，期间接受中德家庭治疗连续培训、认知行为治疗连续培训、精神分析连续培训、躯体心理治疗培训等，接受动力学个人体验 6 年，具备扎实的理论知识和丰富的实践经历。擅长青少年与家庭的工作、情绪障碍的咨询等。

慢一点　又何妨

顾淑霞

在这个不断加速的时代里，周围的一切都在高速运转，我们也被裹挟着，总觉得没有理由慢下来，也不敢慢下来。

曾有一个有趣的寓言，在一群匆匆赶路的人中，突然有一个人停了下来，旁人很奇怪："你怎么不走了？"停下的人说："走得太快，灵魂落在了后面，我要等等它。"

细细想来，慢一点，又何妨?

一、后发先至，何惧起步慢些

"祝融"探火、"羲和"逐日、"天和"遨游星辰……"中国式浪漫"书写在浩瀚的宇宙之中。2021年，中国航天发射首次突破50次，长征运载火箭实现400次发射新跨越，在载人航天、月球和深空探测、应用卫星、科学和技术试验等领域取得重大突破。2022年，中国航天继续发力，载人航天工程不断推进、常年有人照料的空间站全面建成、长征六号甲运载火箭开展首飞……要知道，1970年我国第一颗人造地球卫星东方红一号才成功发射太空，而1969年美国已经把航天员送到了月球。客观地说，中国的航天事业比美国、俄罗斯起步晚，但经过多年发展，中国航天已经从过去的以"跟跑"为主，向"并跑"转变，部分领域甚至实现了"领跑"的跨越。如今中国航天正一步一个脚印开启新征程，继续接力"超级模式"。

神舟之父戚发轫院士在中央电视台《开讲啦》节目中曾说："我们不怕输在起跑线上，很可能我们在起跑线上表现不那么完美，但是不要怕，人生、事业是马拉松。"国家的航天事业如此，个人亦是如此。女性在面临求职就业时，往往没有办法和男性"站在同一水平线上"，职场中显性或隐形的"傲慢与偏见"让性别、婚育，甚至容貌成为女性求职的"拦路虎"。我们能否在这个时候自怨自艾？

其实越是这时候，我们越要跳出外界给职业女性加的条条框框。价值有许多的维度，相比活在他人的定义中，不如先对自身价值有正确的认知和评价。一味抱怨身份被歧视、价值被低估、机会被剥夺，不如勇敢地去战胜性别上的社会偏见，在当下的工作中找到并完善自我，继而发挥女性独有的力量。我们看到，无论是中国首位执行出舱任务的女航天员、前往太空出差的"摘星妈妈"王亚平，还是"七一勋章"获得者、大山里的女校校长张桂梅，不同领域的优秀女性正在高度彰显着"她力量"，在职场中成长蜕变、释放价值。不在乎是否在同一起跑线上，只要努力奋斗，每个女性都能闪闪发亮，而点点光芒也必将照亮黑暗，驱散黑暗里的陈腐观念和刻板偏见。

人生路漫漫，为何要怕起点上的一点点落后？

二、脚踏实地，不畏前行慢些

2020年，"内卷"这个曾经只在学术圈内被小范围使用的小众词汇，忽然"出圈"，成为网络热词，与其他热词不同，它的热度并没有随时间消散，反而在舆论场中不断被泛化，形成了"万物皆可内卷"的社会现象。"内卷"

逻辑不断渗透到社会空间和个体生活中，带来了整个社会和个人生活节奏的普遍"加速"，从乳臭未干的幼童到白发耄耋的老人，从外卖小哥到高级知识分子，所有人都卷入了一场无法挣脱的加速游戏中。大家的脚步越来越快，每个人都喘不过气，却又不敢慢下来，似乎一旦慢下来，便有可能再也追不上某些东西。可当我们为此备感焦虑时，扪心自问，我们是否忘了当初为何出发、又将去向哪里。事实上，人生旅途的美妙，绝不仅仅在于如何快速抵达终点，更在于不论周遭如何变化，你都能葆有一颗充满希望的心，走好眼前的路，享受当下的风景。日子一天天往前奔，太急躁，时间一分一秒地过，放宽心，它还是一分一秒地跑。知道自己要什么，往往比盲目追逐的追赶来得更重要。

　　当然，还有一部分人没有通过内卷追逐，却为了达到目的通过各种方式寻找着所谓的"捷径"。曾有个学生问我"是不是脚踏实地不如投机取巧"？我很奇怪，他为什么会忽然提出这样的困惑。原来在一个课程的小组作业中，他花费了很久的时间，参与了调研、分析、报告每一个环节，而有的同学靠着"抱大腿"，不费吹灰之力，照样拿了高分。不可否认，有一些人凭借"投机取巧"，快速获得了更多的资源、取得了更大的成果，然而这样的"翻车"事件却也屡见不鲜。曾有个演员带火了"知网"，作为一个即将成为北大博士后的"高才生"却不知"知网"为何物，可笑，可悲；直播带货一姐通过逃税漏税的方式攫取更多的财富，最后他们所面临的都是全网封杀、千夫所指。所以，投机取巧或许带来了暂时攀上顶峰的风光无限，却也失去了最为重要的根基，面临着随时坍塌的巨大风险。

　　人生哪来那么多捷径。一步一个脚印走着的你不是没有成长，而是在积累、在扎根。你所踏过的每一寸土地、看过的每一处风景、遇到的每一个人，都会成就更加丰富的你，也让你拥有了厚积薄发的无限可能。不是所有事都要越快越好，有时候，慢慢来本身就是一种笃定、一种智慧。

　　只要脚踏实地，走得慢一点又如何？

三、好事多磨，莫怕结果慢些

　　北京冬奥会，有一个画面让人泪目：在自由式滑雪女子空中技巧决赛中，冬奥会"四朝元老"徐梦桃终于获得了她的第一枚奥运会金牌。夺冠后，徐梦桃冲着天空嘶哑地哭喊："我是第一名吗？"这6个字，她重复了三遍，仿佛是在对过去三届冬奥会的追问。

　　1990年出生的徐梦桃，从12岁开始练习自由式滑雪空中技巧。2005年，15岁的徐梦桃收获了第一个全国冠军赛冠军；2007年，她为中国赢得了第一个世青冠军；2009年，徐梦桃在莫斯科夺得自己第一个世界杯冠军；2013年，在挪威她拿到了第一个世锦赛冠军……她赢得了众多的"冠军"，却唯独缺了一个最令人向往的"奥运冠军"。2010年，在温哥华，首次参加冬奥会的徐梦桃取得第六名；2014年索契冬奥会，徐梦桃作为夺冠热门错失金牌，取得一枚奥运会银牌；2018年平昌冬奥会时，第三次征战的她再次与金牌失之交臂。自由式滑雪空中技巧极具观赏性，却也存在着巨大的风险。从事这项运动的20年间，徐梦桃曾做过多次大手术，半月板被切除了近70％，但每一次摔倒后，她总又顽强地爬起来："三届冬奥会我都是那个'拼'金牌的姑娘，为祖国拼金牌是使命也是荣誉！付出再多汗水泪水都值得，没有放豪言，只有出征的决心！不想退役，梦想依然在，不甘心也不放弃。"在2022年北京冬奥会，徐梦桃终于如愿！

　　好事多磨发生在奥运冠军的追梦路上，也发生在你我中间。我在读研的时候，主要做智能驾驶的定位算法研究，我把一年半的研究进展做了整理，形成文章，投稿到一个我认为力所能及的国际会议，可等待多月的结果却是拒信。一面是想尽快产出成果的迫切心情，一面是对即将来临的毕业季的担忧，我变得有点焦虑无措。这时，导师跟我说："好事多磨，再做一些实验，借此机会把数据弄得更翔实点，我们可以投更好的会议、更好的期刊。"不再那么看重结果的时候，好消息就悄然而至了，错过了一个国际会议的我却等到了领域顶级会议的录用通知，这是我曾经觉得垫垫脚也够不到的东西。后来，这样的事仍旧在不断发生，工作上，生活中。现在回想起来，中间的过程好像令我一直受用，让我在遇到挫折时，可以不放弃、不气馁。我总在这样的时候告诫自己，全力以赴地完成我能做的部分，我所不能掌控的部分就交给时间，生活总会自己找到出路。

我们都在期盼开花结果。有时，果实比预想结得晚些，但或许它只是花了更多的时间汲取养分，也使得收获变得更甜蜜了些。

如果好事多磨，那又怎会害怕结果来得慢一些！

林海音的《城南旧事》有这么一段话："老师教给我，要学骆驼，沉得住气的动物。看它从不着急，慢慢地走，慢慢地嚼，总会走动的，总会吃饱的。"

顾淑霞：浙江大学女性职业特质研究与发展中心成员。

拒绝做"负一代"

朱蓝燕

你有没有听到过这样的话:"赚钱就是为了花的""舍得为自己花钱""年轻人就要放纵要享受,人不轻狂枉少年。"这些毒鸡汤灌给的大多是年轻人,尤其是女孩。对于大学生来说,生活费基本来自父母,没有看病负担、养育负担、危机意识,因此缺乏自制力,容易被煽动,做出冲动消费。

比如每年"双十一""618"购物狂欢节,很多人看着通过各种渠道得到的优惠券,忍受不住诱惑,不停地买买买,以为自己捡了很大的便宜,其实无形之中花出去了更多的钱。近些年兴起的直播带货,让"种草"变得更加容易,让无数女生忍不住下单。近几年炒鞋、炒包等也是屡见不鲜,这类炒作,最终接手的,往往是被消费主义所俘虏的年轻人。

如果说"80后"是"房奴"一代,那么很多"90后"和还没有踏入社会"00后",就可以称之为"负一代",即资产为负的一代。大学生这类人群本身收入低,满足自身消费欲望的方式往往是通过借贷,因此消费贷、校园贷前几年非常火热。蚂蚁花呗、信用卡分期、京东白条……各种信贷方式越来越普及,年轻人"剁手"也越来越方便了,甚至还有些别有用心的人,通过特殊放贷,比如裸贷来控制女学生。

欲望的大门一旦打开,消费主义的思想一旦落地生根发芽,就像洪水决堤,有了第一次就会有第二次和第三次,直到无法偿还、自身崩溃为止。

如果有这种感觉，你可能已经陷入了"消费主义陷阱"。

一、什么是消费主义陷阱

文化研究理论认为，消费主义是一种获得愉悦的活动形式。社会学观点认为，消费主义是物质极大丰富前提下，人们处理物与人的关系的方案之一。消费主义是指这样一种生活方式："消费不是为了实际需求的满足，而是不断追求被制造出来、被刺激起来的欲望的满足。"美国文化里的消费主义恰呈现这一特征。

简单来说，消费主义就是人们无节制、无顾忌地消费物质财富和自然资源，并把消费看作是人生最高目标的消费观和价值观。消费主义就像一种思维，它鼓励我们消费，鼓励我们透支积蓄。它把这种想法放进你的脑子里，并不着痕迹地改变你的消费习惯，告诉你"精致生活、及时行乐、享受当下"。

很多人认为消费主义并没有什么坏处，人生苦短，及时行乐，花钱买享受、买快乐有什么不对吗？但是当我们习惯在"买买买"中获得快感和价值认同时，我们的消费观会受到潜移默化的影响，从而逐渐落入消费主义的陷阱。

消费主义的第一个陷阱就是价值观的扭曲。消费主义最大的特点是符号价值的意义高于使用价值，消费一个东西，有时候不是享受这个东西本身，而是享受这个东西带给自己的标签和定义。我们渴望融入一些圈子，拥有一些身份，我们在乎外界对我们的评价和看法。穿什么牌子的衣服，背什么价钱的包包，用什么价格的护肤品，开什么类型的车，住什么样的房子，这些都会成为别人定义我们的标签，或者说我们自认为别人定义我们的标签，社会也因此分化成不同的圈层和鄙视链。符号价值表达的是风格、声望、财富、地位、权利等，在现代社会中，符号价值已经成为商品的重要组成部分，产品和消费者脑海里的欲望紧密相连，人们在此时消费的已不是单纯的物品，而是一种符号。

我们本来应该是消费的主导者，但是当消费主义让我们的价值观逐渐扭曲后，我们渐渐变成了消费的奴隶，我们想通过消费证明自己的价值，彰显自己的地位。

消费主义的第二个陷阱是将不必要的需求扩大化合理化。有些需求并不是你本身一定需要的，而是被消费主义创造出来的。比如你原本只需要一只口红，但是消费主义告诉你，你见不同的人，去不同的场合需要配不同的口红颜色，就算是同一个颜色，在春夏秋冬每个季节还需要不同的质地，色号、唇釉、雾面、哑光，每个类别都需要集齐，于是你见到不同的口红就不停地有购买的冲动。因为口红总是不断有新的色号和质地推出，买了一大堆，最后每只都没用完，甚至只用了几次，然后就过期了。

消费主义的第三个陷阱是让你上瘾。你知道吗，买东西其实是会上瘾的。《上瘾》一书给出了让用户"上瘾"的模型：触发、行动、奖赏以及投入。商家通过吸引用户的注意力，刺激用户消费，用户消费后不断给用户奖励，让用户在使用产品之余，也能拥有额外的获得感，使用户在使用产品的过程中不断投入时间和精力，增加用户和产品的粘合度，促使用户对产品上瘾。

比如在直播间买东西，当你在直播间以较低的价格抢到了心仪的物品，这会刺激你再次直播购物的冲动。当将观看直播购物变成一种娱乐和享受后，某天如果你不看了，你反而会觉得不习惯了。

二、为什么会陷入消费主义陷阱

为什么很多人，尤其是年轻人会陷入消费主义陷阱？这本质上是人本能的心理需求。很多人迫切地想要和过去的圈子、过去的阶层拉开距离，想要过上自己向往的某种品质层次的生活，最简单的一种方式就是消费，好像买了各种品牌的东西给自己贴标签，自己的阶层和地位就不一样了。不止是个人，很多国家都经历过消费主义这个阶段，比如美国、日本曾经也都陷在消费主义的坑里面，对于社会来说这是一个阶段性的现象。

年轻人深陷消费主义的原因主要有以下几点。

第一，抵御诱惑的能力不足。我们这一代年轻人，生在了民富国强的好时代，大多从小没有吃过什么苦，很多还是独生子女，从小被宠大，缺少一定的社会阅历，尤其是缺乏忧患意识和风险抵御意识。当兜里有一分钱，就要花一分钱，碰到自己喜欢的东西时，很少会去想这个东西对我来说是必须的吗？我买了它会不会影响到我接下来的生活？很多人面对诱惑时难以把持，一时冲动就消费了。

第二，虚荣心作祟。当我们选择去买一些不是完全必须且又超出了我们承受范围的物品时，多半是因为虚荣心驱使自己做出这样的决定。比如有些人月薪三千，吃饭都要省着点花，却愿意存钱去买一个上万元的包。尤其是发现身边的同学、同事生活条件比自己好的时候，攀比心理就会进一步推动消费。当自己消费能力无法承受的时候，甚至会选择借贷的方式去购买，年纪轻轻就成了"负翁"。

第三，盲目自信，认为赚钱很容易，现在超前消费或者买一些消费能力之外的物品，将来可以通过赚钱去弥补这部分亏空。但这部分人往往错误估计了经济形势，缺乏准确的自我认知，会对将来的生活造成较大的影响。

三、如何避免陷入消费主义陷阱

"剁手"的及时满足和查看余额的快乐能否兼得？怎样避免陷入消费主义的漩涡？理性做出消费选择，而不是为了商家宣传的美好生活买单，可以从以下几个方法入手。

一是梳理自己的财务状况，做好长期规划和短期规划的平衡。梳理当前的财务状况，包括目前的支出、收入和盈余，以及未来可能的收入、支出情况等。

梳理清当前的财务状况后，我们对手头上可用于消费的资金有了更明确的把握，在这个基础上再去进行储蓄、投资和消费的规划。可以将资金划分为花费和储蓄两部分，花费部分可以再进一步细分，比如可以分成饮食、服装、护理、交通、学习等几部分，每一部分可以规定一个比例，可以利用一些记账软件来进行规划和记录，时刻提醒自己不要过度消费。

二是明确自己是"需要"还是"想要"，合理匹配购买力。跳出消费陷阱很重要的一个点是在欲望和购买力间找到平衡。购买物质、服务、满足欲望确实能在一定程度上刺激大脑产生多巴胺，从而感到快乐。但超出个人购买力的"买买买"不仅让自己深陷消费主义陷阱，分期付款更是让自己陷入恶性循环。所以我们需要考虑清楚自己真正需要的东西是什么。很多时候，我们并不清楚自己是需要还是想要，是这个东西真的有用，还是为了满足一时的欲望。我们可以制作一份欲望清单，列出自己真正需要的东西和想要的东西，然后评估其合理性和优先级。审视这到底是不是自己真正想要的，买后的边际效益如何，使用场景是什么，满足了哪些痛点，是不是刚需，使用频率如何，会不会超出自身购买力……冷静思考后再进行购买。

三是在消费前对所消费的物品有一个充分的了解，避免盲目消费。很多时候，商家在宣传产品时往往吹得天花乱坠，广告效应和从众效应很容易对我们的购买选择产生影响。让消费回归价值很重要的一个点在于剥脱其符号化的意义，去思考产品本身的属性能不能满足我们自身的需求。比如很多电子产品经常更新换代，推出一些新的功能，价格也是水涨船高，我们可以通过对产品的对比和自身需求的匹配来进行选择，了解清楚这些功能和属性对自己究竟有没有用。

如果在每次消费前都能想清楚自己到底需不需要，合理地做出每个消费抉择，那么我们即可在消费浪潮中保持独立和理性，获得真正的自由。

朱蓝燕：浙江大学女性职业特质研究与发展中心成员。

韧性：女性自我实现的底色

王璐莎

　　以坚强韧性迎接挑战、应对风险、实现目标，是女性发展的重要命题。在心理学领域，韧性是一种心理特质，亦称"心理弹性""复原力""抗逆力"等，指曾经历或正经历严重压力、逆境的个体，其身心未受到不利处境损伤性影响或愈挫弥坚的发展现象。随着时代的发展，女性愈加意识到心理韧性在事业成功和价值实现中起到的内在关键作用，展现出坚韧不拔的性格和"我命由我不由天"的信念。她们从失败经验中反思学习、汲取成长力量的卓越心理品质受到举世瞩目的关注和赞扬。"妇女能顶半边天"，在各行各业涌现出的大量优秀女性身上，我们都可以觉察到"韧性"这一宝贵特质。

一、韧性图鉴

　　韧性，是女性追求自我实现的底色。1896年在雅典举行的第一届现代奥运会，女性运动员还不被允许参赛。而在国际奥委会的大力倡导下，2020年东京奥运会的参赛女性已经达到了48.8％，成为历届夏季奥运会女性运动员参赛比例最高的一次。女性运动员让我们认识到，体育精神不仅仅是更高、更快、更强，也可以是优雅、平衡和协调。无论是顽强战斗、勇敢拼搏的"女排精神"，抑或是46岁再次站在奥运会跳马赛台上的体操名将丘索维金娜……女性运动员以自身的拼搏改写了竞技体育的历史。她们挑战人类生理极限和精神潜能的过程，充满汗水和泪水的艰苦淬炼，更不乏训练状态的高低起伏、不绝于耳的质疑诘难。然而，女性运动员们用凌厉不屈的眼神、健实有力的身躯，证明了自己的无限可能。

韧性，是女性勇攀科研高峰的支撑。一直以来，科学通常被认为是一个男性主导的领域。尽管如此，女性科学家仍一直从事科学、技术、工程、数学、文化等各领域的研究，为科学界做出了不可磨灭的历史性贡献：物理学家吴健雄用 β 衰变实验证明了在弱相互作用中的宇称不守恒，让李政道、杨振宁的理论不再仅仅是构想，被公认为世界最杰出的物理学家之一；天文学家叶叔华主持建立和发展了我国"综合世界时"系统，建立了我国甚长基线干涉测量（VLBI）网，有"北京时间之母"之称；考古学家樊锦诗驻守敦煌 40 余年，运用考古类型学的方法，完成了敦煌莫高窟北朝、隋及唐代前期的分期断代，为世界文化遗产敦煌莫高窟文物和大遗址保护传承与利用做出突出贡献，被誉为"敦煌的女儿"……在追求真理的道路上，这些女性科学家们始终饱含拓宽未知边界的信念，不断向科学技术广度和深度进军。

韧性，是女性造就社会价值的注解。2020 年，一场突如其来的新冠肺炎疫情席卷了武汉。面对未知的危险，全国 4 万多名医护人员不畏险情、勇担重任，在除夕夜离开家人、驰援武汉，冲向疫情第一线，而其中女性占比达到了 2/3。防护服和短发淡化了她们的女性特征，口罩和护目镜在她们脸上留下一道道压痕和伤口，却都磨灭不了责任、韧性乃至牺牲。抗击新冠肺炎疫情的防线里，不仅有女性流行病学家、科学家、医生和护士，也有妇联干部、社区工作人员、巾帼志愿者、建筑工地女工，她们都是在抗疫斗争中逆向前行的女英雄，牢牢构筑起了抗击新冠肺炎疫情的防线。事实上，在志愿服务、航空航天、基础教育、创新创业、脱贫攻坚的各个领域，都有女性力量发光发热。张桂梅、王亚平、黄文秀……许许多多优秀女性的名字，汇聚成新时代女性的靓丽缩影，成为后来者们汲取力量的源泉。

二、韧性理论

韧性是一个心理学概念，也是一个社会学概念，心理学强调生理基础和个人特质，社会学强调社会互动和适应过程。目前，心理学界对心理韧性的界定大多数围绕"弹性""逆境""积极应对""复原力"等展开。心理韧性主要与个体特质能力相关，这些品质包括强大的内驱力、自我效能、乐观自信、热情耐心。有些研究和神经生物学相结合，通过研究脑成像、头发皮质醇、基因组等神经生物学指标来研究个体心理韧性水平。有些研究侧重于能力特质的测量，比如临床上广泛应用的心理韧性量表（CD-RISC），包括个体能力、忍受、变化接受度、控制、精神影响等维度。有部分研究表明心理韧性和主观幸福感存在极其显著的正相关，即心理韧性越好，主观幸福感就越强；同样也要关注心理韧性和各类障碍的相关性，心理韧性与个体的抑郁焦虑程度、创伤后应均呈显著负相关。

持"社会生态学"视角的研究认为，心理韧性应放在互动的、环境的及多元文化中理解，强调"人在情境中"。放之于家庭中，韧性会受到家庭结构、家庭观念和家庭氛围的影响；放之于社会中，共同的态度、价值观、目标、精神信念会影响韧性的形成。这类观点认为，心理韧性并非一种稳定的个体特质，也不仅取决于特定的基因或大脑结构，还取决于压力源的性质和其他生活环境因素。曾有研究表明，个体在成功应对压力事件的过程中会出现四个变化：人生观层面的改变、新优势或能力的出现、对未来压力源的部分免疫以及表观遗传学或基因表达模式的改变。

三、增强韧性的方法

按照社会学的相关理论，女性的韧性不仅是一种能力特质，还更多地依赖于与个体相关的社会和物质生态，这为促进积极应对挑战，建立家庭、工作、社会支持网络提供了方向和策略。那么女性可以通过哪些训练，寻求哪些支持来增强自己的韧性呢？可以尝试下面几种方法。

其一，增强心身弹性，培养积极健康情绪。心身弹性是一种以健康的方式应对压力的能力，使人能够在具有挑战性的环境中以最小的心理或生理成本有效地发挥作用。研究表明，心身弹性强的人应对逆境的能力往往更强。Stress Management and Resiliency Training（SMART）心身疗法是本森·亨利（Benson-Henry）身心医学研究所（Institute for Mind Body Medicine）经过40余年临床实践经验而开发的压力管理和心身增弹训练，教授了各种不同的技能，包括身心机能、压力管理技巧、认知重新评估和适应性应对技能（认知行为疗法、接受和承诺疗法以及积极心理学）和健康的生活方式行为（睡眠、锻炼、营养和社会支持）以减轻压力和焦虑，提高正念、生活质量，并在一定程度上提高复原力。积极心理学领域实践者尚恩·阿科尔（Shawn Achor）在《快乐竞争力：赢得优势的7个积极心理学法则》一书中提到，人人都可以通过积极心理学相关训练来成为快乐的主角，例如建立"成功围绕快乐转"的新秩序，改变事业取向与心态的关系，记录每天发生的三件好事，练习ABCD（事件、想法、后果、反驳）模式的解释来从逆境中看到通往机会的途径等。

其二，自我反思修炼，培养理性思维。具备自我管理和约束能力的人终将获得成功，其中涉及一个重要话题就是如何控制不良情绪。理性情绪行为疗法之父 Albert Ellis 在《我的情绪为何总被他人左右》中提到，外界事物不是引起人们焦虑的直接原因，而仅仅是一个触发点 A，从 A 到产生焦虑心理 C 中间还有一个元素 B，那就是人们对 A 的认知。思考导致不良情绪的具体认知 B，思辨推导找到 B 的不合理之处，焦虑的情绪便会有所缓解。人们总是习惯性地认为"反思"就是要从错误中习得经验，但其实这是不全面的，在整个生命成长周期中，"反思"更强调的是从成功的经历中学习与成长。

乔·欧文（Jo Owe）《韧性思维》一书中谈及了"WWW"法（What Went Well），当你完成一件很不错的事之后，你应该学会反思并找到其中做得好的地方和原因，从成功中找方法，一种可复制、可操作的方法，更关注下一步行动，怎样才能做得更好，有助于拓展思维，让人们既不自满也不自责，专注于找到更好的方案。

其三，倡导崇尚协作、弹性管理的组织文化。这是一种结合了原则性和灵活性的管理文化，最显著的特征就是"留有余地"。契诃夫在《小公务员之死》中描述了一位怀疑自己得罪将军的小文官，在遭到将军的呵斥后竟一命呜呼了，也许是因为他内心极度自卑，心理承受能力差，但这与外界极端恐怖的统治也有一定关联。女性更偏向弹性与协助的组织行为模式。研究表明，女性的某些特质在弹性管理中有天然优势，如善于沟通，易创造活泼、和谐的氛围；感知细腻，敏于事而慎于行；想象力强，易发现新问题、提出新见解；思维持久力强，有耐性，更能坚持等。管理学家亨利·明茨伯格（Henry Mintzberg）提倡"无声管理"模式，倡导激励、关心、潜移默化和主动性，这种管理模式通常崇尚以情感为纽带，以精神为寄托，即组织成员润物无声地融入集体，主动了解、参与、推动进程。在开放团结、相互尊重和信任的组织氛围中，女性的好奇心、想象力和创造力更容易激发，亲和力、沟通力、决策力上的潜力也更容易被唤醒。

其四，构建社会支持性系统和积极性同伴关系。积极的社会联结、强大的支持性社会系统更有助于人达成目标。传统的理解是，比起男性，女性力量性更弱，受社会尊重程度更低，容易受家庭和社会多重身份的阻碍和羁绊，因此只有营造一个女性角色更受尊重、可持续发展社会风尚，女性才能释放潜能，大胆发声，施展才华。女性对社会支持性系统的感知，包括物质上的帮助、人际关系、情感上的支持等。国内妇女团体长期关注女性的这一需求，曾提出为女性构建完善的社会支持性体系的建议，包括从身心健康平台搭建、社会组织支持系统的完善、家庭保障的落实、妇联等女性社团的集合，以及女性个人素养提升等各方面进行突破。通过关注女性发展和特殊需要，充分发挥政府作用，调动各类社会力量，加强社会服务，支持和帮助女性享有出彩的人生，增强女性获得感、幸福感和安全感。

凡心所向，素履所往，生如逆旅，一苇以航。积极向上的韧性心理帮助女性始终保持蓬勃有趣的生活状态，展示出旺盛的生命力，通向幸福与成功之路。希望每一位女性都能坚韧地冲破每一层阻碍、踏过每一条坦途，书写属于自己的精彩人生。

王璐莎：浙江大学女性职业特质研究与发展中心成员。

摁下情绪的暂停键

李由

　　人生就像拆盲盒，其魅力之处是我们每天都可能有不同的境遇，正如山峦的高低起伏，我们的心情也伴着这一切发生着微妙的变化，无论你是否刻意观察，那些或忐忑，或期待，或焦虑，或吃惊的情绪常常牵引着我们的思绪、左右着我们的选择。在电影院，看到奔赴战场的亲人久别重逢，感动之余给自己的家人拨通了电话；在路边，看到受伤的流浪动物食不果腹心生怜悯，于是冒雨带到宠物医院救治；在职场，面临突然布置的任务无所适从，夜不能寐……情绪就像手脚，成了我们身体的一部分，虽然它不可触摸却无时无刻如影随形。

一、情绪是怎么产生的

　　回望中仿佛一念一生，常说情不知所起，但若顺藤摸瓜可会揭开情绪的小秘密？由情绪 ABC 理论我们知道，激发事件 A 只是引发情绪和行为后果 C 的间接原因，而引起 C 的直接原因则是个体对激发事件 A 的认知和评价而产生的信念 B。比如你在餐厅和别人碰撞，对方的咖啡洒在了你的衣服上，如果此时对方面无表情径自走开，你就会认为对方没有礼貌，甚至故意为之而产生愤怒；但如果对方及时表示歉意你会认为他应该是无意的，情绪中的愤怒部分就会下降。情绪由人的大脑控制，大脑就像一个魔术师，引导行为却不告诉我们原因。我们尝试将情绪类型进行分类，一部分基本情绪似乎是我们与生俱来的，体现了人类对环境的适应，比如看到野兽我们会害怕，对发霉的食物会感到厌恶，我们对这些基本情绪的表达是共通的。除了基本情绪，我们还拥有复杂情绪，这些复杂情绪的形成和我们儿时的经验累积和身边人的态度密切关联，往往是针对特定的事件或表达对象。对于疾病和睡眠不足等遗传和生理因素产生的情绪，我们可以通过药物控制。但同时对情绪起着重要作用的是人的思维，尤其是非理性的思考方式带来的情绪更不容易被化解。

生活就像由无数的碎片和网络组合而成的，它们看起来微不足道却散发着无穷的魅力，牵动着我们的喜怒哀乐。我们总是希望对生活多一份感知，对情绪多一分理解，并试图去控制情绪这只小怪兽。

二、如何对待情绪

谈到如何对待情绪？我想先谈一下情绪和个体之间的关系，因为情绪常常带有强烈的个人色彩，看似由客观事物和情景催生，但也由于不同人的态度而产生不同的结果。当我们看向情绪的时候，似乎也在进行一次自我剖析，我是怎样的人？我会怎么选择？为什么我会有这样的想法和反应？对情绪的理解逐步升华为对生命、对过往、对社会的理解，并且随着时间的推移、阅历的增长和角色的差异而不断变化。

由于我们身处群体之中，除了个人的情绪，还要处理和他人的情绪冲突。处理自己的情绪尚且不易，面对他人的情绪则更需要多一些耐心。

"投了几个月简历一直没有消息，唯一一次面试也没有通过，我怎么这么失败啊"，"你不能这么消极呀，这样起不到好作用的，打起精神吧！"

"这学期两门课没考过，好担心学分不够啊"，"早就说了不要选太多课给自己压力太大了，你看果然出问题了！"

"感觉辅导员总是在针对我，我是不是哪里得罪了他"，"有可能，之前评奖评优你也没选上！"

"男朋友最近对我忽冷忽热的，手机聊天信息也被清空了，我想他可能变心了"，"其实之前我就感觉他不太靠谱，你也别太伤心了。"

说者无心，听者有意。当别人向我们抱怨时，更多的是希望得到理解和宽慰，但实际上在面对这些负面情绪的时候，我们有时候会首先否定他们的做法和选择，并急于将对方从错误的情绪轨道上抽离出来去接受所谓正确的情绪，事与愿违的结果往往只是火上浇油，让对方陷入更大的消极情绪中。这是因为情绪一旦产生，是无法立刻扭转的，正如"不去想粉红色的大象"本身已包含"粉红色的大象"，"你不能这么消极呀"本身也已包含"消极的情绪"，这些负面的字符会难以抑制地一直浮现，越控制不去想就越容易想起。安慰伤心的人不是让他不要哭，而是告诉他：如果你如果遇到这种情况也会难受，可能还不如他做得好。"予人玫瑰，手留余香"，越鼓励，越有希望，多给别人一些讲话机会来满足对方的倾诉欲，对方的情绪变好时沟通也会更顺畅；而我们通过给予别人情绪上的价值和帮助也能满足自身被需要的诉求，从而激发成就感而产生自我满足感。长此以往，彼此的关系才会贴得更近。

三、情绪调节法则

（一）接受自己

"我不知道是遇事风浪不惊的从容还是喜形于色的性情会让你更加偏爱，可我要我快乐。"这也许是我们当下该关心的事。人们总是习惯看到别人的闪光点，忽略自身的优势，高估了别人而看低了自己。对自己宽容，是以积极的态度从压力中释放自我，是在出现问题时聚焦解决事件本身而非自我否定，是不轻易下结论也不对自己贴标签。接受自己是接受放弃完美主义的幻想，不用因为体重秤上波动的数字而节食伤身，脸上的斑点和皱纹也是岁月的馈赠，爱自己也可以是一件很浪漫的事。不用为要在挤满观众的礼堂上发言而紧张颤抖，无论如何收获的是一份满载回忆的经历；不用因为别人的一句话而不安猜测恍恍惚惚，内心变得强大也就不再需要其他人的认可。即使是失败也可以从中得到借鉴和进步，准备迎接下一次的挑战。

（二）改变思维习惯

"横看成岭侧成峰，远近高低各不同。"有时候改变看法比改变他人要容易得多，退一步、转个圈，换个视角分析，尝试接受事务的多样性和不确定性，做自己能做到的事，多使用积极正向的思考方式。目前智能手机普及，年轻人已经养成了依赖手机的习惯，但很多老人依然用着黑白机，甚至拒绝学习或存在对学习陌生事物的畏难情绪，想想自己是不是也曾因为父母学不会移动支付、不懂网购、不会线上购票而焦虑急躁？改变思维的一种有效方式是换位思考。对父母而言，他们何尝不担心被时代抛弃，但一方面觉得有儿女可以依靠，所以对新事物的学习热情不高；另一方面又担心即使学会了也容易遗忘，更怕学习过程缓慢而被儿女嫌弃。我们如果能够读懂父母行为背后的原因就不会轻易发脾气，而是会考虑如何为父母提供更多的价值感，鼓励他们循序渐进。有时候，晓之以理未必有用，动之以情才最有效，因为在情感和信任的基础上建立的交流将更容易赢得对方的好感和信任。

（三）情绪调节小工具

如何能更快地调节情绪？不妨试试这些小工具：一是跳出当下。与其在一件事上钻牛角尖，不如尝试转移注意力，想想其他不相关的人或事，做一些自己想做的事情，给自己适度地减减负。二是合理运动。比如慢跑、瑜伽等，运动会刺激多巴胺的分泌，也能帮助大脑回归理性。三是向内收敛，拒绝立即回应。先闭上眼睛做个深呼吸，然后倒数十秒，10、9、8、7、6……让思维暂时处于放空状态，慢慢地情绪也会平静下来。四是降低重心。有时候人在情绪激动的时候往往声音越来越响，身体重心也会向上抬高，那么如果我们试试降低重心呢？比如站着时可以换成坐着，坐着时可以换成靠在松软的沙发上。你会发现随着重心的下降，情绪也跟着稳定了下来。五是适度发泄。情绪如果一直憋在心里总有引爆的时候，索性不如大方讲出来，"我现在很生气，我想……"，你会注意到等到真的说出口时，那些过不去的坎儿也会慢慢被磨平，其实情绪也需要一个发泄的出口，负能量走了好心情就来了。多多运用这些小工具，找到最适合自己的方式，你会有趣地发现在一次次和情绪打交道的过程中会不断进步，就像面对失败第一次可能会伤心沮丧，但已默默地在心底筑起一道防护墙，当再次面对的时候就可以更快地恢复。

四、情绪调节的作用

（一）情绪在职场

工作中我们需要和不同岗位、不同性格的人打交道，不可避免地会遇到摩擦和误解。面对问题带来的情绪，如果无法控制就可能会影响工作效率，谁都不愿意和情绪化的人共事。因为问题带来的情绪，不仅不能成为解决问题的钥匙，反而会让自身和他人陷入无尽的内耗，这也就是为什么在面试的时候企业总是很注重考察面试者的抗压能力。在职场上，90％的压力都来源于目标绩效无法达成，而抗压能力测试则是考察一个人在困难面前会沉着冷静地去面对，还是因为焦虑而退缩不前。在工作中，懂得情绪管理的人往往会取得更好的成绩，因为他们更擅长积极的思维方式，不是"我不行"而是"我还需要提高"；他们懂得察言观色，更懂得与他人的相处之道，能够在恰当的时机作出正确的决策，有自己的主见而不是活在别人的期待里；他们经常会得到"情商高""性格好"的正面评价，也更容易争取到更多的资源和支持。

（二）女性和情绪

由于女性天生比男性心思更细腻敏感，也更注重情感链接，更在意他人的反馈，因此当自身感受没有得到认可和尊重的时候，就容易产生情绪上的波动。在传统观念里，女性在家庭尤其是后代教育方面承受着比男性更大的期待，现今社会女性对自己也提出了更高的要求，除了要继续扮演好家庭角色，还想成为职场达人。当我们从积极心理学的角度思考，女性在某些方面相对于男性确实是具有独特优势的，如女性可以将思维上的感性转化为感染力，将情绪转化为共情力，在具体问题的处理上更周全，也更关注每个人的感受。无数女性在家庭生活和职场上能够取得成功，离不开她们在情绪管理上的智慧。

生活中那些我们无能为力的事就像"野马效应"中非洲草原上叮在野马腿上的吸血蝙蝠，无论我们怎样狂怒和奔跑都始终不能摆脱，直到最终精疲力竭而亡，令人遗憾的是带来致命伤害的不是外部挑战，而是本身那些无法抑制的情绪反应。多一份对生活的热爱，多一份对自然的敬畏，多一份豁达的心境，解开情绪的密码，让自己成为情绪的主人。

李由：浙江大学女性职业特质研究与发展中心成员。

女性，选择做一颗"软糖"

李萌

张爱玲曾这样形容女性的美，她们"鲜白纯红，呈现另番甜美的面貌"。我们常常用糖果形容女性，"众生皆苦，唯你独甜"。一个成功的新时代女性，要成为一颗软糖而非硬糖。硬糖，看上去坚不可摧实则一碰就碎；软糖，看上去绵软无力实则坚韧如丝。而女性的领导力，就是既要有温柔的一面，团结和凝聚他人；又要有坚强的一面，引导和带领大家。

一、开放兼容，海纳江河

软糖熬制的过程，是水果等辅料与糖融合的过程。无色无味的糖稀，在融合中因为不同的辅料形成了具有独特的口味和香气软糖。而这正与"海纳江河"的精神不谋而合。兼容他人、悦纳自我，这是女性的成功密码之一。而实现与他人和解的诀窍，就是吸收他人的优点，欣赏自己的缺点，这对女性来说并不是一个很困难的课题。有研究证明，有六成左右的女性倾向于情感型的判断方式，而这十分有利于我们理解他人和自我。以科学研究的过程为例，如同我们在读书期间的小组报告制度，我们通过各组对某个领域不同专业文献的分别解读，用更快的速度窥见一个研究领域的全貌，整合吸纳形成我们对该理论创新的解读或者突破，这是他人的优点在我们身上内化的过程。

而在后续研究的过程中，可能因为我们思路方向的限制一时无法找到研究的突破口，此时我们必须克服自我怀疑，调适心态。"巨人的肩膀"只是让我们更接近成功，而相信自己的信念、从容稳定的情绪和绝对冷静的思考才是研究最终取得成功的重要路径。

二、团结互信，携手奋进

提到软糖，大家首先联想到的一定是它黏糯爽口的味觉体验，强大的黏合力是它的重要特质。想必大家都注意到了 2022 年北京冬奥会主火炬台的设计，代表每个国家的小雪花团结在一起，构成了"一起向未来"的主题。而女性领导力的关键也正是黏合团队成员、团结大多数人的能力，发挥"1 + 1 大于 2"的合力，切实提升团队工作效能。如何实现成员的团结合作，关键在于价值引领、身先士卒和合理分工。梦想和愿景是激励和凝聚人心的旗帜，任何团结高效的组织，其本质都是拥有共同的理想和使命。作为一个团队的领导，还应当是一个脚踏实地的实干家，虽不用事必躬亲，但总应身先士卒。我并不认同领导应该是一个单纯给下属分派任务的"二传手"，成功的领导应当是了解并熟悉其分管的各项工作，这样她（他）的指令才会是问题的有效解决方案、事业的规划蓝图。而一个团队高效运转的核心，是发现并发挥每个团队成员的长处，互相取长补短，共同推动团队发展。设置共同的理想信念，以身为范投入工作，切实发挥每个成员的能力作用，凝聚大家共同前进，这是一个优秀的女性领导者应起到的黏合剂作用。

三、释放张力，展示自我

最近，一款软糖"QQ弹弹，还能拉丝"的广告语在网络爆火，这从一个侧面反映了软糖极强的延展性和张力。这让我想到女性领导力中的社会外向性。有研究显示，超过半数的女性在社会交往时呈现外倾性人格，拥有很强的社交热情和表现活力。事实上，作为一个领导者，其管理和沟通的能力本身就是极为重要的素质，而较高的外向性可以帮助其在带领团队成员时尽可能展现个人能力和魅力，起到极佳的引领作用。国务院原副总理吴仪就是一个很好的例子。她曾说过这样一句话："我是一个推销员，我推销的是我的祖国中国。"从20世纪90年代的中美知识产权谈判中的强硬回击，到21世纪初抗击"非典"一线奔波劳碌的身影，这位炼油工程专业毕业的女性领导人在国内和国际重要的舞台上不断，为国家利益辛苦奔走，不遗余力地发声，展现出了一名女性领导人强大的能力，为国家的建设发展做出不可磨灭的积极贡献。日常工作中，同样的批评指责，可能在男性口中会给人咄咄逼人的压迫感，而女性婉约的形象往往会给人时不待我的紧迫感。所以我们要有大局意识，主动发挥个人的能力优势，把触角延伸到日常工作的方方面面，承担部分男性力有不逮甚至会产生反面效果的工作，展现"她"能力，提升工作实效。

四、坚韧如丝，百折不挠

软糖拉丝，最长可达到数米不断。在中国传统文学作品中，对于女性的形容，也有"蒲草韧如丝"的描绘。这体现出了女性坚韧不屈、迎难而上、百折不挠的特征，也是很多女性领导人在事业中能取得最终成功的根本。两次获得诺贝尔奖的女科学家居里夫人，每天穿着沾满灰尘和酸液染渍的工作服，站在大锅旁，烟熏火燎，眼睛流泪，喉咙刺痒，把一锅又一锅的工业废渣煮沸、搅拌、倒出结晶……就这样整整奋斗了 35 年，才从 8 吨的矿渣中提炼出了 0.1 克的镭。后来她还因长期接触放射性物质，患上了恶性白血病过世。她对全人类科学事业做出的贡献是伟大而杰出的，她在巨大困难面前展现出的坚韧和奋斗意志丝毫不逊于男性，甚至大有超越之势。曾有医学研究表示，女性的抗压能力强于男性，是因为雌激素能够向大脑释放信号，阻挡压力带来的有害物质影响大脑。当我们步入社会，走上领导岗位，常常会遇到很多困难，有时困难还会成群结队而来，如果不能与困难对抗，则会被困难击垮。要成为一个成功的女性，在面对困难的时候要坚定信念、坚持不懈、坚毅敢为，才能在多次的失败后看到成功的曙光，半途而废只会导致一事无成。

在女性甜美如水果软糖的形象背后，是对自我和他人海纳江河的兼容并蓄，是凝聚和团结团队成员奋身投入工作的黏合引领，是在工作领域释放魅力和能力的热情活力，是面对困难百折不挠的坚毅顽强。让女性的领导优势在干事创业中得到充分发挥，在事业成功中展现极致的女性之美。

■ ···

李萌： 浙江大学女性职业特质研究与发展中心成员。

美，由你定义

沈艳

如果把每位女性都比作一朵花，那么这世界的样子应是繁花簇锦，而不是千篇一律。随着"年度国剧"《人世间》的上映，剧中多样化的女性形象引起了社会大众的热议，她们的性格、背景和经历各不相同，但都努力成长与绽放，活出了不一样的多彩人生，共同诠释世界的多元之美。那么，女性的美究竟由谁来定义呢？我认为，这所有的定义，皆是源于己身，无关他人。美，由你定义。

一、接纳自己，拥抱多元之美

爱美之心人皆有之，每个女生在她的成长历程中都会经历审美观的变化与重塑，关于"美"也有各自不同的标准，而现在人们对女性"美"的定义在一定程度上受到大众媒体的影响，正潜移默化地向"整齐划一"的方向发展。有研究表明，人们对"美"有着心有灵犀的相似度，如拥有巴掌脸、大眼睛、白皮肤、下颌尖等特征便称之为美，反之则为不美。这一点充分体现在拍照时的种种担忧，诸如你会询问摄影师"什么角度在镜头前更美一些？""如果再瘦一些，是否更上镜？"可见大多女性对外貌的在意程度有多深，她们甚至会模仿明星拍照姿势，购买爆款包包、美妆产品，通过修图软件把自己

"P"成心中的完美形象。有位女性摄影师说过："不管是面容精致、身形姣好，都远远不足以让你成为一个真正的美人。那些能够在相机面前非常自信、从容坦然，在任何场合都愿意露出自信笑容的女孩子，我觉得才是最美的！"这段话很是让我动容。当你对自己的相貌不自信，面对"黑洞洞"盒子的时候便会手足无措，甚至是逃避。相反，自信的人看到镜头会很自然地绽放笑容，并且相信自己就算是无意间被拍下来也是美艳的。当我们判断一张人像照的主角美不美，通常会自然地端详她的眼神，如果眼神足够自信，就会觉得这张照片足够耐看，照片中的人也足够美丽。

"美"不应该是千篇一律，我们将目光转向世界，就会感受到美的包罗万象。缅甸村的纹面老妇人、跳弗朗明戈的胖女生、双手粗糙干涩的印度年轻母亲、裹头巾露出一双眼睛的中东女人、非洲大草原上快乐奔跑的女孩、勤劳开朗爱笑的印尼女性、在健身房露出黝黑肌肉的80岁美国奶奶……也许有人认为这些不太符合"标准"审美的定义，但当你开始关注她们展现出来的生机勃勃、淡定从容，就自然会忽略五官的精致粗糙、肤色的黑白黄红棕、身形的胖瘦高矮。电影《战狼》女主角卢靖姗在被媒体质疑"腿粗"后就霸气回应："其实我每天都去运动，我腿是粗，但是你来抢劫我，你肯定死定了。因为我很会打，好吗？"我十分欣赏她话语中透露出的自信，她倡导的是一种非常正能量的审美观，那便是要更多地去拥抱多元化的美。发现美，从接纳和尊重自己和他人做起，请不要抗拒独特的美，而是选择接纳，这便是女性塑造自我审美的开始。

二、热爱自己，欣赏自信之美

女性的天然属性，在传统观念里大多与"小"字相关，例如娇小、小巧玲珑、弱小、小鸟依人、胆子小，更甚者是小心眼。现如今，越来越多和"大"相关的词开始在当代女性身上得到体现，例如大格局、强大、心胸宽广、大心脏等，也可以是站得更高、有一个更大的视野，对未来有更大的期望。这是我所向往的新时代女性特质。在当今这个年代，女性再也不用被困在一个狭隘的世界里，可以充满自信、拥有理想、拥抱生活、追求自由。对想获得的事物和情感，都可以大胆去追求和争取。在这个过程中，也许会遇到一些坎坷和曲折，也许你漂泊他乡，也许你会受到很多委屈，但请不要把你的心给冷落了，要永远保持孩子般的好奇心和柔软，这会让你发现温暖与美好，从而吸引善良和有趣的灵魂来到你身边。行文至此我不禁想到王光美女士，当年因为被关在牢房12年，出狱时已基本失去说话能力，经历这么大苦难的女性，大家都在想她出狱后会怎样对待那些让她蒙冤入狱的人。谁知在接受采访时她表示，也许人家也有不得已之处，她不想追究而是希望大家都能重启自己的人生。这样一笑泯恩仇的心态，让我们感受到一位女性的博大胸怀和强大的内心力量。

　　无论你是什么样的女孩，最可贵的就是保持真我，做自己。但很多女孩往往在她们的成长历程中，会为了满足他人的种种期待而压抑自己的梦想，她们会随波逐流做不想做的事；会因为别人的不喜欢而患得患失；会委屈自己去讨好对方……这其实就是不自信的一种表现，只会离自己想要的越来越远。在我看来，真正值得做的，是打造自己坚强的心，相信自己、尊重自己、爱护自己，当你真正为自己感到骄傲的时候，自然会吸引美好的生命来到你身边，收获旗鼓相当的爱。我特别佩服那些在人云亦云时还能够坚持自己内心真实想法与独立主张的女生，因为她们拥有一个独立而又自由的灵魂来直面世间的任何挑战，她们才是真正的勇者。也许有人认为每个人性格生来不同，有的人天生就是自信，而有的人注定就是"社恐"，但无论你是MBTI（迈尔斯·布里格斯类型指标)里的 E 还是 I，都需要给自己自信。学会自我接纳，接纳自己的缺点，才会真正爱自己。女孩们，你们本不需要白瘦幼，你们本可以做最好的、最健康、最像你自己的自己。

三、相信自己，追求勇气之美

很多时候无法相信和接纳自己，是因为自己给自己设了限。有个有趣的生物学小实验，研究人员将几只跳蚤放在实验桌上，用手一拍，跳蚤因为震动迅速跃起，上跳高度约 350 毫米，相较于自身 0.5～3 毫米的身高而言，约 100 多倍。接着，研究人员再次将它们放于实验桌上，并给每只跳蚤都罩上了玻璃罩，连续多次重复实验后，跳蚤为适应环境，降低了跃起高度。随后，研究者逐渐降低玻璃罩的高度，当玻璃罩慢慢接近桌面时，研究人员发现无论再怎么拍桌子，跳蚤都不会再跳了。就这样，跳蚤从最初的"跳高大佬"变成了"爬蚤"，这就是心理学上著名的"跳蚤效应"。许多女孩认为自己不可能实现梦想，大多是因为受到社会环境的影响和内心中幻想的"高度"限制了自己，只能过着与憧憬完全不一样的生活。

万万没想到，这种"跳蚤效应"却被一位年近 60 岁的"中国妈妈"打破。与大多数妈妈一样，苏敏在组建家庭后，生儿育女，每天奔波于工作单位和孩子学校，还有一个不体贴的丈夫，她的前半生就是为家庭完整而忍受着不公平待遇。关于苏敏这样一位老一辈中国妈妈的牺牲，有一段话也许是最好的注释："面对命运，妈妈可以输的，都通通输光了；可以赢的，都赢了回来。她把赢的都给了孩子，把输的都留给了自己。"按照一般的社会理解，当这位"中国妈妈"老了，除了在家安享晚年，就没什么可做的了。但就是这样一位妈妈，她心中有梦，不再墨守成规，而是用极大的勇气打破限制，摇身一变成为一名登上《纽约时报》的"网红"。她说："你可以是女儿、可以是母亲、可以是妻子，但同时你也可以只是你自己。老了又如何？中年人也有权利去追求一切。"她的举动，给无数女性树立起新时代女性形象——自信独立、敢想敢做。相信自己，你远比想象中更具有潜力。每个女生都能对自己的目标做出不同的定义，但我们都应该去主动创造，而不是被动等待，梦想再晚实现都不算晚，况且你还年轻。

四、超越自己，挑战拼搏之美

即便你对体育赛事不太关注，也免不了听闻"谷爱凌"这个响亮的名字。第一次认识她，是在一档英文访谈节目中，17 岁的她已成为滑雪世界冠军。我很喜欢她说的一句话，"Have a greater perspective of things that are greater than myself"。这句话翻译过来是说要有大局观，要用更宽广的眼光去看待那些超越自身的事物，她鼓励女孩们要走出自己的舒适圈，不断挑战自我，成就梦想。2022 年北京冬奥会上逆天的"偏轴空翻转体 1620 度"，打破人类极限，让谷爱凌"走进"14 亿中国人的视野，成为当之无愧的新一代年轻人的偶像，也成为"永远值得相信的中国女性"之一。相信大家喜欢她不仅仅是因为"奥运冠军""斯坦福学霸""滑雪天才""时尚达人"等众多标签的加持，更是因为她所坚持和传递的"girls help girls""拓宽人类极限""girls' power"等价值观。

2022 年 2 月 8 日，我们通过电视见证了谷爱凌在女子单板大跳台决赛中的惊艳表现。谷爱凌说："我最大的目标是激励更多的中国年轻女孩们加入运动，不要停止探索自己的极限。"其实，谷爱凌的成长之路也并非一帆风顺，这近乎完美的一跳，背后离不开她坚持不懈的付出，包括日复一日、极度自律的体能和技巧训练，以及数不清的伤病折磨。在一部关于她的纪录片中，记录着她多次脚骨骨裂、脑震荡、手部粉碎性骨折、锁骨断裂的画面。在 2021 年的一次世锦赛中，她摔断了右手，导致无法拿雪仗参赛，但她却继续咬牙坚持，勇敢出发，最终获得铜牌。每当有人说她是天才时，她回应说："我并不是天才，只是因为我特别努力，我每天训练非常辛苦。"她始终将自己作为最大的竞争对手，坚定信念去超越自己的极限。这就是我们的"六边形美少女战士"谷爱凌，仅凭一己之力，成功撬动了杠杆，改变美的标准，将之前"白幼瘦"的女性审美形象，逐步转变为"力量、自信、健康"。

"央视剧评"在 2022 年 3 月 8 日发表了一篇文章，把电视剧《人世间》中的每位女性形象都用一种花卉来形容，例如芙蓉花周蓉——清高自傲，梅花郝冬梅——坚韧傲然，含羞草郑娟——生命力强，玫瑰乔春燕——娇艳有刺，康乃馨周母——温暖朴实，杭白菊老曲——清热解毒，百合花冯玥——和合之美，以及君子兰金月姬——温和有礼。她们分别代表了不同类型的女性之美，每个人的身上都绽放出了不一样的女性光辉。谈及美，"一千个读者就有一千个哈姆雷特"。它不受年龄束缚，没有固定模式，不需要为了迎合谁，没有边界限制，唯一的标准便是——我喜欢的便是"美"。

因为，美，由你定义。

沈艳：浙江大学女性职业特质研究与发展中心成员。

对女性群体"刻板印象"说不

王乔

日常生活中,普遍的社会观念倾向于根据一个人的性别、学历、相貌、穿着打扮、行为举止等特征"标签"对其产生特定的印象和看法,但这些先入的感知常常不够准确,甚至与真实情况大相径庭,进而导致偏见产生,在心理学研究中将其称作"刻板印象"。"刻板印象"指的是一种能够对社会各群体成员接收、处理信息产生影响的认知结构。我想从一个职业女性的角度,谈谈社会对女性群体的"刻板印象"。

人们对女性的"刻板印象"基本是:路痴、电器盲、贤妻良母、相夫教子……简单来说,女性就应该对家庭用爱发电,燃烧自己,照亮家人。互联网时代到来后,更是不断出现各种各样针对女性群体的"专有名词",如"女博士""女司机""剩女"等,每每一起新闻事件爆出后,网友总会将事件的主人公与其性别挂钩,并扣上"女××"的帽子。

如今,我们的社会早已发生翻天覆地的变化,面对更加复杂、多元的社会,如何避免再次落入女性"刻板印象"怪圈,让女性群体在社会中坚定正确的价值观与主体意识,是一个值得我们思考的话题。

一、传统认知中的女性形象

传统时代，人们普遍认为"男主外，女主内"，社会对女性的期待"理应"包揽家务、相夫教子，判断一个女性是不是"贤妻良母"，取决于其会不会做饭、收拾房间，而不是毕业于哪所学校、具有怎样的视野与胸怀。许多日化用品，如厨具或家庭保洁工具的广告往往邀请女性作为产品形象大使或电视广告主人公。某家教产品广告中，一位妈妈在耐心辅导孩子学习，使用了家教机的小女孩兴奋地说："妈妈再也不用担心我的学习！"无独有偶，许多涉及家庭生活方面的广告均会有女性形象，而男性则鲜有出现。这类广告仿佛在传达一种信息：持家、教子似乎是女性的天职，女性的生活中心似乎只局限于家庭。

另一方面，社会对于年轻女性似乎更注重其本身的"物化"价值，并为女性贴上标签，例如将"豪车""豪宅""游艇"与美女相配，有钱有地位的男性出行理应有美女相陪；某家电品牌在一幅海报上赫然写出"男人都喜欢瘦的"；某汽车厂商的广告中，新郎妈妈对着新娘的五官用力拉扯并做出"OK"的手势，配上"官方认证才放心"的字幕等。这种"男尊女卑""男耕女织"的社会固有思想，将男性推向了政治生活的中心，掌握经济主导权，而女性则长时间处于弱势地位，以符合男性审美为标准参与文化娱乐及日常生活。

二、活出自己到底难不难

从 2020 年 12 月由全国妇联和国家统计局发布的第四期中国妇女社会地

位调查数据来看，女性就业结构已得到进一步优化，年轻女性更愿意参与到民主政治建设和基层社会治理工作中，且受教育水平显著提高，更有超过90%的被访者认为"女人的能力不比男人差"。但是，调查结果也显示，绝大多数女性依然承担着照老扶幼、奉献家庭的主要责任，遭遇配偶身体暴力和精神暴力的事件依然在发生。

中国人民大学人口学系教授、博士生导师杨菊华在《时间、空间、情境：中国性别平等问题的三维性》一文中曾指出，中国作为发展中国家，"性别平等"这一目标虽然被广泛倡导，但却难以被现实社会普遍认同。虽然越来越多的声音提倡"男女平等"，但是在部分传统文化的"带动"下，诸多因素注定成为导致我国现阶段性别平等难以实现的壁垒。"我自己认可的'好'，是我有权利去做自己的决策，有权利去自由地发展。没有选择自由，平等就毫无意义。"

《听见她说》这个影片中以8个小短剧为主，采取独白剧的表现手法，一个演员、一台摄像机、一条故事线，分别聚焦当代女性的生存痛点。第一集《魔镜》说的是女性普遍存在的外貌焦虑：女主角用着琳琅满目的护肤品，每天都精心打扮，操心最多的是"什么样的穿搭和包包可以衬得人更好看"，她获得了别人的称赞，但也成了一个"装在套子里的人"。不敢胖、不敢老，努力地保持身材和容貌。这样的生活很累，但她无法改变，更无法接受那个"不美"的自己。容貌焦虑的世界，美即正义，这像是一个四面八方都是魔镜的陷阱，在对女性外貌过度的要求和审视之下，有多少女孩变成了牺牲品，只有深陷其中的人才会懂。

三、对女性群体"刻板印象"说不

　　随着社会的进一步发展开放，女性权利得到进一步重视，女性能够以更加自主的姿态参与社会生活。面对社会针对女性群体的"刻板印象"，越来越多的女性倾向于站出来争取权益，打破世人的刻板印象。在互联网发达的时代，人手一只麦克风，每个人都可以是信息的传播者，同时每个人也都可以成为自身主体意识的维护者。女性群体到底该何去何从？

　　一是要注重提高女性个体的社会认同。女性群体若希望应对策略具有更大的影响力，让更多的女性个体参与到行动中是一个必要条件，只有参与人数足够多，才能被社会重视和关注。对于女性个体来说，应该积极提高自身的社会认同，认识到自己也是女性群体中的一员，某件或某类社会事件对其他女性的"刻板印象"并非与自己毫无关系，只有提高社会认同，才能在一定程度上改善"刻板印象"带来的负面影响。二是要注重增加女性群体的群际接触。从认知角度上看，既然传统的"刻板印象"是由无知所产生的自我防御心理，那么当两个群体之间的交流增加时，就会减少因为认知不足以及片面的信息所造成的偏见和刻板印象，使得一部分女性群体对外群有更加全面、准确的认识和了解。当然，群际接触策略的有效性在不同的情况下存在一定的差异，既可能弱化"刻板印象"，也可能增强"刻板印象"。因此，良性的应对策略应强调正面、有效的群集接触，即群体间平等的地位、共同存在的目标、群际的合作以及权威支持。三是要推动改变不合理的社会规则。弱化或消除女性群体的"刻板印象"，关键在于改变不合理的社会规则和社会秩序，这就要求我们的社会以及国家各级政府发现社会制度中所存在的弊端，采取措施对其进行修正，从而消除为使系统合法化所导致的"刻板印象"。

当然，这需要我们每一个社会人在推动社会发展的进程中共同努力。

　　我们出生只被安排了一种生理性别，对于另一种生理性别的诸多体验是十分陌生的，但这并不意味着，我们没有相互了解和理解的可能。在男女问题尚还紧张对立的当下，希望我们都能少点偏见和戾气，多点理解和耐心，愿我们彼此连成线，在伤口的愈合中找到同行的伙伴，然后在伤口愈合后成为更加坚强美好的人。

王乔：浙江大学女性职业特质研究与发展中心成员。

我们与美的距离

鲍雨欣

> 悠悠的过去只是一片漆黑的天空，我们所以还能认识出来这漆黑的天空者，全赖思想家和艺术家所散布的几点星光。朋友，让我们珍重这几点星光！让我们也努力散布几点星光去照耀那和过去一般漆黑的未来！
>
> ——朱光潜《谈美》

怀着一腔热情定下这个主题，然而提笔之际蓦然后悔，因为自己并不是什么艺术大家，当下也没有太多混迹在艺术圈的经验可谈，但转念一想，艺术可以阳春白雪，也可以下里巴人，若是为自己设限而错过"群籁虽参差，适我无非新"的生趣，未免太过遗憾。恰好最近读了朱光潜先生的《谈美》，不妨当作读后感，聊聊关于艺术的那些事儿。

艺术是一种美，带给人精神上的愉悦不亚于运动后多巴胺的刺激。如朱自清先生所说，人所以异于其他动物的就是于饮食男女之外还有更高尚的企求，美就是其中之一。关于这点，我自己深有感悟。4岁时，懵懂的我误把小提琴当成了玩具，结果一玩就是近30年，音乐一路伴我成长、成熟；幼年时的琴童生涯，让我收获了良好的演奏技术、自控力与意志力，奠定了我与音乐相伴的基础，也点燃了我决定终身追求并探索艺术的激情；大学本科时的乐团生活，让我有机会奔赴大江南北，享受舞台中央的温暖和耀眼，享受返场 Anchor 的热烈掌声，享受演出后欢乐满足的合影留念；深造时的乐队经历，让我遇到更多志趣相投的伙伴，四重奏的烧脑改编、快闪时西子湖面的粼粼波光、公益演出时驻足围观的老翁稚子，都成为记忆深处的小美好；步入职场，音乐或者说艺术带给了我更多的精神力量，是疲惫之余的自我激励，是闲暇之余的兴味盎然，是焦灼无解时的灵感来源，是热情推进时的强力催化。小提琴虽然没有成为我的职业，但它点亮了我的生活，也成为我生活中不可或缺的小小追求。无疑，练琴是枯燥的，排练是辛苦的，有绞尽脑汁去理解艰深晦涩片段的时刻，也有费尽心力去实现炫技华彩乐章的反复，每每回想，当时种种都如昨日重现，而所有的"自找苦吃"确又别有乐趣，升华一下也可以称作"自我锤炼"。虽然我只是一名业余的音乐爱好者，但欣赏艺术的心可以是宽广的，日常的艺术欣赏也不仅仅限于音乐。

　　艺术是感性经验的综合，是不以概念为判断的感性经验，是抛开表面现象而表现事物内在意义的一种抽象存在。我们的身边总会有"美盲"或者"艺盲"的存在，倒不是因此而把人分成三六九等，而是他们不容易看到美的事物的内在，生活相对缺少一些乐趣罢了。一幅画，有人觉得美到令人窒息，也有人认为了无生趣；一首曲，有人听着心潮澎湃，也有人听后无动于衷；一支舞，有人观赏后肃然起敬，也有人中途昏昏欲睡。更有甚者，或许会认为书画不过是在纸上的涂涂写写，音乐不过是打发时间的可有可无，舞蹈不过是风雅场合的一番附庸；又或者干脆"落俗"，给相关的艺术作品打上标签、明码标价，好好的作品被沦为了敛财的工具，分明可以雅俗共赏，硬生生被扣上了"神作"的帽子，让人敬而远之，一票难求。其实，艺术的感性和主观性，恰恰赋予了每个人喜欢、无感或厌恶的权利，这是艺术张开胸怀欢迎每个人而独具的魅力和可爱。艺术不挑人，反倒是人挑了艺术。

　　艺术活动是"无所为而为"的，也需要一定的"距离"去欣赏。"在有所为而为的活动中，人是环境需要的奴隶；在无所为而为的活动中，人是自己心灵的主宰"，朱光潜先生认为："持实用的态度看事物，它们都只是实际生活的工具或障碍物，都只能引起欲念或嫌恶。要见出事物本身的美，我们一定要从实用世界跳开，以'无所为而为'的精神欣赏它们本身的形象。"在我理解，这是"大家"的一种胸怀与境界，因为具备了宏远的眼界和豁达的胸襟，才能跳开世俗功利，抛弃利害关系，以一种纯净、纯粹的心境与态度与艺术对话。这不在于艺术水平造诣的高低，而是如何看待人生的另一种通达的视野与格局。距离产生美，而精神世界的差异或许也让美与大众产生了距离。如朱光潜先生所说，艺术家和审美者的本领就在能不让屋后的一园菜压倒门前的海景，不拿盛酒盛菜的标准去估定周鼎汉瓶的价值，不把一条街当作到某酒店和某银行去的指路标。他们能跳开利害的圈套，只聚精会神地观赏事物本身的形象。他们知道在美的事物和实际人生之中维持一种适当的距离。

这里，我想强调"适当"这个概念，因为艺术真的没有想象得那样遥远。欣赏艺术这件事，极小部分源自天赋，更多来源于后天，当然前提是你打开心门，愿意拥抱艺术。艺术是一曲华章，突破苍穹的束缚；艺术是一幅水墨，点燃无尽的江山；艺术是一支舞曲，唱响青春的律动。步入新时代，很多青年人都具备艺术方面的特长，或多多少少与艺术相关的兴趣结缘，背后有自己的兴趣驱动，抑或承载了家人曾经的梦想。在我遇到的尤其是"00后""10后"的青年人中，擅长书画、篆刻、摄影、乐器、舞蹈、诗词写作、词曲创作等的不在少数。或许你没有接受过任何与艺术相关的专业训练，无妨，因为只要做有心人，即使没有成为艺术家，你仍然可以成为会欣赏艺术的人。我只能把自己关于接触艺术一隅的浅薄感悟和经验分享给你，这里以音乐为例。

恩格斯说："音乐是生活中最美好的一面。"冼星海说："音乐，是人生最大的快乐；音乐，是生活中的一股清流；首先，是陶冶性情的熔炉。"兴于诗、立于礼、成于乐，音乐是思维者的声音。电影《不能说的秘密》中男主人公父亲的两句台词："年轻人要多听音乐，才不会胡思乱想"，"他们抽烟！不听音乐！是坏人！"虽然极尽理想主义，但恰恰体现了艺术带给人的简单与纯粹。音乐（包括声乐）从不同的角度可以分为很多流派和风格，比如按流派可以分为古典、流行、摇滚、R&B、乡村、爵士、电子、嘻哈说唱；按演奏演唱形式、内容、语种又可以分成不同类型，比如交响、重奏、电声、民乐、美声、通俗、民族、华语、粤语、欧美、西语……这里面美声其实一定程度上是意大利或者说欧洲的民族唱法，和我们所界定的民族唱法又不是一个概念。所以真的要深究理论，里面的门道非常广博，不同人的观点也有差异，但对于没有基础又想接触的人来说，是大可不必去纠结这些的。你所要做的就是静下心来，用接纳的态度去倾听，首先是耳朵，然后再到心灵深处，去真切感受乐曲、乐段所传递的情感，做到这点，你已经迈出了欣赏音乐的重大一步。量变引起质变，你会慢慢找到规律，进而发现自己或许特别钟情于哪位歌手、作曲家、乐队乐团或者某特定的风格，或许是声线、表现手法、演奏技巧等，甚至说不清道不明的某个特质吸引你听取更多的内容，在这个积累的过程中，你应当保持兴趣去搜寻更多具有相关或类似的风格、特点的作品，在这个过程中，你独特的音乐口味就慢慢形成了。礼主别异兮，乐主合同，音乐没有国界，好比电影《和你在一起》用了柴可夫斯基的 D 大调小提琴协奏曲第三乐章去表达浓烈的父子亲情，当时年幼的我真的相信了这首曲子背后就是表达的亲情主题；然而随着自己去练习揣摩，才发现乐章本身只是刻画了俄罗斯民众欢歌乐舞时的热烈、欢快的情景而已，虽然有一种上当的感觉，但回味一下作曲家本意和电影释义，也倒觉得蛮有意思。人们大多会先入为主，尤其是门外汉更难区分或者准确说出某段音乐作者究竟想要表达什么，但情感是共通的，你只要感受那股热烈、激情、让人心潮澎湃的感觉，对于入门者已经足够，如同一千个读者就有一千个哈姆雷特，所有的艺术作品都有这种趣味，也允许不同的人进行不同的解读。你可以天马行空赋予其新的意义，但我并不是鼓励大家脱离作者的意志或时代背景进行想象，而是当你对某个乐段着迷因而去深究时，你往往会了解到更多的知识，不是为了学理论而学理论，而是在一种内心向往的驱动下去学习探究的过程。这时，你的音乐口味慢慢成为音乐品味，并会日渐提升。

不同的艺术领域可以相通，能欣赏艺术的人也不一定要是艺术家。每个人都有感知艺术的能力，不要被知识与技巧束缚；不要对提高审美这件事自我放弃。对于美术领域，米开朗琪罗曾说："艺术家用脑，而不是用手绘画。"欣赏画作不一定非得要精通绘画，你可以在感兴趣的情况下，开始绘画练习，可以是国画、素描、油画，写实的、抽象的、印象的，如果你无从下手，可以先从文艺复兴时期开始往前或往后搜索，从你知道的某位名人开始。对于戏剧领域，艺术可以让我们在有限的生命里，感受到不同的人生。"戏剧是时代的综合而简练的历史记录者"，"悲剧将人生有价值的东西毁灭给人看，喜剧将那无价值的撕破给人看"。当下很多影视剧难免屈服于流量，过多的快餐作品阻碍了我们戏剧方面审美的提升。如果你真的有意提高戏剧方面的审美，可以从阅读经典的戏剧家的作品开始，比如莎士比亚的系列作品，也可以关注有关舞台表演的书籍，比如《演员的自我修养》（斯坦尼斯拉夫斯基著）、《尊重表演艺术》（乌塔·哈根和哈斯克尔·弗兰克尔著），也可以观赏各类含金量高的奖项的获奖影片，并且时不时琢磨获奖理由，但抛掉那些模板式的速成影视剧吧。

对于舞蹈领域，《礼记·美篇》有云："观其舞，知其德。"舞蹈是脚步的诗歌。即使你没有足尖的技巧或柔软的身段，但你拥有享受美的自由，多看看不同的舞种作品，如果不喜欢芭蕾，试试古典舞、现代舞、民族舞，又或者街舞。此外，书画、摄影、行为艺术等也都是可以去了解与尝试的，当然艺术不仅仅包含上述提到的种种，还有其他各类大众、小众的形式与内容。总之，不要把艺术欣赏定位到望尘莫及的位置就好。

　　如果一定要总结出个一二三，讲讲究竟如何入门艺术欣赏，我想主要是以下四点：第一，需要一颗接纳的心。接纳自己的零基础与面对艺术的不知所措，当你有"自知之明"并做好心理准备，定一个不太高的预期，走近艺术会容易很多；接纳艺术可能带给你的精深与晦涩，听听自己的心声，去跟着兴趣学习与探索，往往比刻意迎合热门或者标新立异追求小众容易得多。第二，用艺术的眼光看世界、看生活。艺术来源于生活而高于生活，请放慢脚步，多多观察，用寻找与发现美的眼睛去看待身边的人与事，清晨热腾腾的包子铺、傍晚车水马龙中的一抹夕阳、清风拂动枝叶花草的沙沙声响或者晚高峰地铁里疲惫但小憩放松的下班族，诗与远方源自你的心境。第三，请充满好奇地倾听。"三人行，必有我师焉"，珍惜周围有才艺特长的小伙伴，多与他们交流学习，听听不同的声音；多听古典与经典作品，因为很多流行热门作品的背后都与古典作品的逻辑一脉相承，听过、看过好的作品并积累后，你的品位与审美自然会逐渐提升。第四，大胆尝试并坚持。如果你真的点燃了内心深处对艺术的强烈渴望，无论是哪个种类或流派，请先掌握基础知识，比如阅读相关的书籍资料，收看纪录片、MOOC 等，当下信息时代的资源非常丰富，可以轻松获得各类资源；接着亲身尝试练习，比如报兴趣班、成人班课程，最好能找到一位颇有造诣的艺术家领你入门，因为面对面的指正与交流往往比隔屏互动的效果要好很多，很多动作、手法、力道是需要面对面传授的。请记住，练习是通往艺术殿堂的必由之路，最后的法门是坚持坚持再坚持。我深信1万小时定律，如果你真的想达到一定高度，必须做好付出很多时间精力的准备。

这里，想和那些立志终身玩艺术的伙伴们分享我个人的一个心得公式：

玩艺术＝1%的天赋＋99%的投入

其中，投入＝物质＋精神。

想把艺术玩好，首先，要具备热爱，义无反顾、风雨无阻；其次，需要有X引路，或许是一个人、一件事、一首歌、一部电影、一个无意间的驻足，当然未来的漫漫长路中良师益友的陪伴也不可或缺，并且非常重要；再次，需要耐心和毅力，坚持是滴水穿石，是日积月累；最后，需要纯粹与纯净的初心，当想明白是为了人生而艺术还是为了艺术而艺术，我们会走得更坚定。

希望对艺术感兴趣的你在艺术的熏陶中，沉淀自我。愿未来能融艺术之灵，在千帆竞渡中不慌张；追赤子之心，在沧海横流中不迷茫。最后的最后，想用朱光潜先生的话与你共勉："慢慢走，欣赏啊！"

鲍雨欣：浙江大学女性职业特质研究与发展中心成员。

美是有力量

王赛男

在 2022 年女足亚洲杯的决赛中，中国女足在连失两球的不利局面下，以 3：2 逆转战胜韩国女足，时隔 16 年后，再度夺得亚洲杯冠军。即使对足球了解不多的中国观众，在中国女足每一个进球的瞬间，也会肾上腺素飙升，被这群中国姑娘的不服输、敢拼搏、懂团结的精神感动到热泪盈眶。与此同时，北京冬奥会的众多冰雪项目中，女性运动员的表现也毫不逊色，无论是冰上花滑还是雪上技巧，都让观众感受到了女性运动员在挑战极限、追求自我超越过程中的自信、无畏和美丽。

北京大学中文系教授戴锦华曾谈论"花木兰式"的中国现代女性困境，指当女性试图介入一个社会性的事件和社会性行动的时候，她们可能选取的形象，可能参照的模板，只能是男性。但随着女性运动健身发展和新媒体传播的广泛，中国女性已经有了越来越多能够参照的女性榜样和身边的真实人物。比如，在 2022 年北京冬奥会展现出精彩表现的谷爱凌，已然成为当下众多女性的新偶像，大家不仅欣赏其运动才能，更被她的个性、思维吸引。当大家讨论她的身高体重时，她分享自己的健身观："美不是瘦，美是有力量。"诚然，我们呼吁女性拥抱运动、享受运动，就是希望大家不要成为被体重数字捆绑的女性，我们希望所有的女性要试着让运动成为赋能自己的生活习惯，通过运动健身拥抱健康、自信和自我。

一、从摆脱身材焦虑开始

从各个网络平台可以看到，体重焦虑、身材审美、快速减肥等话题始终备受关注，热度不减。"我要减肥""我要健身"是许多女生的间歇性口头禅，"不瘦10斤不换头像"之类的flag立了又倒，倒了又立。女性的身材焦虑似乎比男性更强烈，运动健身成为一种摆脱身材焦虑的共识，越来越多的女性走进健身房，成为健身用品的消费主力军。数据显示，2021年以来，女性健身消费用户超过男性，女性运动服、运动器械的购买量则是男性消费者的近7倍。

但走进健身房真的能摆脱身材焦虑么？健身在传统观念中是一种增强男性气概的活动，女性进入健身领域体现着一定程度上的思想解放，也是一种主动把握和塑造自己身体的表现。

社交媒体上女性健身博主的出现，让我们看到了不同肤色、不同身形、不同审美的健身女性所散发的魅力，不一味地追求身材的"白幼瘦"，而是对塑造个人身体的热爱、坚持和悦纳。但许多女性又会不同程度地受到媒介和商业传播的影响，在开始运动后陷入到追求完美身材的圈套中去。如果从体重主义的焦虑中脱离，但又进入一种必须实现"完美身材"的循环，那便会陷入另一种身材焦虑。两种焦虑本质上是一样的，就是以接收到的来自外界对身材的定义来对标自己。

在这里，我又想起谷爱凌，她在冬奥会最后一跳中挑战了一个此前从没做过的高难度动作，不是看中名次，而是想挑战自我，但其实外界包括她的母亲此前都劝她采用稳妥的策略。女性健身也是一样，即使外界有着对于女性身材的很多定义和描述，我们想要摆脱身材焦虑，不能只关心身材变得怎么样，而忽略身体感受到了什么，忘记健身本身的乐趣是什么。通过健身你认识到了志同道合的朋友，把选择健身这件事放到更广的维度中去，更关注自己的感受。

女性健身是在塑造肌肉和提高体能的基础之上，对自己形象的自爱，是正面诚恳、自信坦然接受自己与生俱来的身材样貌，不焦虑不自卑，不因为相貌和身材而贬低他人和自己，更不因为追求所谓的完美身材而采取极端手段。

二、来自榜样的信念感

在女性的成长路上，寻找到一位能让你产生信念感的榜样非常重要。正如女大学生领导力培训班的开设，是为了让女大学生对于自己的理想寻找到可参考的样板，让实现理想的道路有迹可循。我们邀请了各个领域的优秀女性代表，在每一期的培训班中都会听到来自女大学生这样的疑问："如何平衡好家庭与事业的关系"？这样的问题很有代表性，反映了受到传统观念影响的女生在成长道路上的困惑。这些困惑大多来自外界对于女性"应有角色"的评价，同时也说明女性对于自身的追求不再是单一的、平面的，而是完整丰盈的，是一种符合人性、女性的实际需求。因此，寻觅一位能够带来实际和精神价值的目标对象对于女性而言非常重要。近期有一项关于性别匹配的运动榜样对女性的重要性研究，证明了同性别的榜样对女性特别有价值，因为她们提供了成功是可以实现的证据，更好地代表了未来可能的自我，抵消了负面的性别定型观念。

榜样能够给我们目标指引，并向我们示范实现这个目标的过程。一个对于运动认识不够的人想要通过运动获得自己从未感受过的东西很难，我们可以通过榜样模仿、过程学习，不断在他人的带领下去拓宽自己认知的边界。榜样能够让我们看到更多的可能性，我们从网络平台看到许多 KOL 通过运动健身调节了心态、丰富了生活，甚至收获了许多工作机会，这代表着在这个时代一个人做好一件事有很多附加值。正是因为有人成功，才给了我们"内心渴望"一种更多的可能性，向自己不曾尝试的领域踏出第一步，慢慢走出一条属于自己的路。

那么如何寻找到能够带来信念感的榜样呢？在运动健身这件事情上，很少有人是出于自律，更多的是来自于外界的动力。你的榜样，可以来自于你身边的同好社群。据不完全统计，全国有近 5 万家健身俱乐部、私教工作室，还有约 4 万家舞蹈工作室，这些工作室中女性占据颇高比重。许多女性开启健身的第一步是从一群人的团课开始的。当进入健身工作室这样一个目的场域之后，你会发现身边所有人都是因"健身"这一动机而来，在这样健身渗透率高的地方，不知不觉就形成了一种驱动你健身的环境效能。健身榜样，也可以来自于网络。如今，线上女性健身信息和理念的传播下沉和去中心化让传播权力让渡给更多的女性个体，褪去了健身女性身份的职业化标签，多重角色的女生健身 KOL 走入大家的视线，我们看到这些女性健身榜样不仅在健身方面有着丰富经验，同时她们有效突破了健身空间的专业化限制。许多女性健身博主基于自己家庭主妇、白领、教练等身份，把健身带到了家中、办公室等场所，为更多不同类型的女性提供了具有实践性的参考。健身榜样，也可以是专业运动员。专业运动员的成长不是一朝一夕养成的，尽管对于大多数女性没有太多成长的参考性，但却有着追求运动内在文化和精神的价值。"女运动员"一词出现至今，尚不足 200 年。回顾女子运动兴起的曲折历程，我们得以窥见历史和现在女性运动员的先锋姿态。从最初女性运动项目不受关注，到如今她们用实际行动和成绩吸引了越来越多的目光，这是女性运动员长期努力坚持的结果。女足夺得亚洲杯冠军之后，舆论都在用女足讽刺男足，女足球员王霜站出来说了这么一句话："什么时候你们支持女足的角度，不再是为了讽刺男足；什么时候你们的支持，是能看到不仅仅在国家队中的我们，还有俱乐部其他踢球的女足球员们，给她们带来踢下去的意义，那么我们中国女足在未来才会真正强大。"对于女足来说，成功前那些不被看到的时光靠的是来自内心深处的力量。我们寻找榜样带来的信念感，就是要读懂这些榜样成功背后的故事，打破参与运动的内在障碍，相信我们与生俱来的潜能，相信我们都已"天生准备好"。

"体育之效，在于强筋骨，因而增知识，因而调感情，因而强意志。"运动健身对我们每一个人而言，不仅能增强人的体格，提升身体机能，也能磨炼人的意志，锤炼人的精神。女性可以通过健身唤醒并提升身体机能，也可以磨练心态和精神意志，从精神层面提升耐受力、抗压力，储备起强大的"心理能量"，在应对困难时更为自信从容、勇敢坚定，让运动真正为自己赋能。

■ ....

王赛男：浙江大学女性职业特质研究与发展中心成员。

第三辑

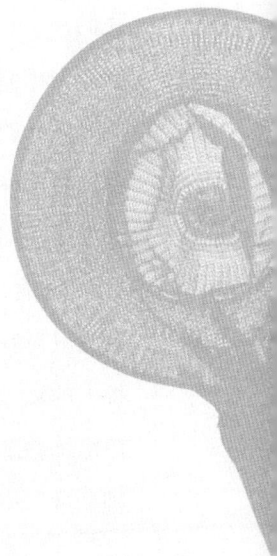

走近

四明天童无际禅师曾言："佛法在你日用处，在你着衣吃饭处，在你语言酬酢处，在你行住坐卧处。"同样的，女性议题也不仅在声势浩大的各类运动中，不仅在光辉的杰出事迹中，不仅在热火朝天的辩论中，不仅在书本或演讲中，更在生活中、人群中，在日常的点点滴滴中。

年轻的你是否也曾遇见分歧、争执难免，最后依然莫衷一是？是否也曾升起质疑、陷入思索，最终依然无人解答？人的知觉总有边界，智识总有欠缺，观点总有偏隘，与其用主观的推理不如去看客观的数据，用言语来争辩不如去用调查做研究。不止有杰出的人物能够发声，我们每一个普通人同样可以在实践中探索，在论据中思辨。关于我们女性曾经跨过的、正在面临的、将要踏上的、共同憧憬的，一切世界观与方法论，我们都有发言权。

本章汇编了女大学生们关于女性相关调研课题的成果，从影视剧到流行着装，从就业到婚恋，从职业规划到成长发展，涉及女性生活的方方面面。有对历史资料的梳理综述，有自主设计的问卷调查，有运用统计方法的数据分析等，带我们从不同角度走近女性，观察女性，并且理解女性。

近四十年影视剧中女性职业形象变迁

徐弯　吴沁晔　玛依热　吕宛泽　杨涵驿

随着社会文明程度的提高，女性正逐渐由传统的家庭照料者向现代社会建设者的角色转变，在家庭地位、职业平等、政治参与等各方面都有跨时代的进步。第三期中国妇女社会地位调查显示，女性高层人才具有大学本科及以上学历的占81.4%，18～64岁女性的在业率为71.1%，85.2%的女性对自己的家庭地位表示比较满意或很满意，但调查数据同样也显示社会并没有因为女性越来越多地扮演社会角色而降低对女性作为家庭照料者角色的期望，同时随着生育政策的变化与热议，年龄及生育的问题也使女性无法在事业上与男性相提并论。

关注女性职业、婚姻家庭等发展变化是研究女性社会地位与发展的重要视角。影视作为其重要媒介，在反映不同时代女性职业形象的同时，也在一定程度上影响了女性个人职业认知与发展。我们选取了近40年中国电视中较有社会影响力的现实主义题材影视剧作为研究对象，以时间轴为主线，分析比较不同时代背景下女性的职场形象，探究随着时代变迁影视剧中女性职业形象的变化及呈现内容，包括不同年代影视剧中女性职业形象的特点、同时代的关联、虚构与现实女性职业形象的关系等，以期运用电视剧这一媒介，更好地指导女性职场生活。

一、不同阶段影视剧中女性职业形象分析

影视剧中的职场女性，往往是根据故事背景和情节发展的需求，进行某一类型女性的形象刻画。她们既带有时代的烙印，又反映了现实生活中职场女性的生活现状。因此在不同年代，女性职业形象各具特色。

（一）20世纪80年代—21世纪初：同时代碰撞，女性职业形象萌芽

改革开放初期，中国社会刚经历完大动荡时期，迎接着社会变革带来的经济复苏。人们思想逐渐解放，许多传统女性步入职场。因此，影视剧中女性职场形象呈现出两种形态：一种是歌颂女性的贤惠、孝顺、美丽，继而发展成为如何兼顾家庭和工作而挣扎的女性形象；另一种则是随改革开放新潮流不断前进而涌现的职业女性自强形象。

1. 职业与传统女性形象的碰撞

传统女性形象在影视剧中的刻画并不少见，多为女性家庭角色的体现，如1990年《渴望》塑造的中国式传统好女人"刘慧芳"成为一代人的集体记忆。它遵循男权文化的模式，建构了一个集中国传统女性优点于一身的女性：秀外慧中、善良无私、勤俭隐忍、任劳任怨、甘于奉献。

但随着市场经济的不断发展，越来越多的女性走出家门、走向工作岗位。那些无法完全抛弃传统女性形象又具有职业形象萌芽的女性，就陷入如何兼顾家庭和事业的挣扎中。影视剧中也体现得尤为深刻，如《人到中年》里陆文婷就是那个时代职业母亲的典型代表，她既要在事业上和男子比肩，还得承担繁重的家务劳动。"每天中午，不论酷暑和严寒，往返奔波于医院和家庭之间，放下手术刀拿起切菜刀，脱下白大褂系上蓝围裙。"虽然，这一时

期影视剧中女性形象仍是家庭主妇等传统角色，但在其承担家庭重任的同时对事业抱有追求，反映出影视剧女性职业形象的萌芽。

2. 时代与女性职业形象的碰撞

除了上述承接传统女性形象刻画的转变之外，另一种则另起炉灶，直接对女性职业形象进行描绘。其中最具特点的是《北京人在纽约》，与《渴望》中塑造的贤妻良母型女性形象截然不同，这部电视剧尝试体现女性在客观世界中的地位、作用和价值。如剧中阿春就表现了女性意识的萌发，渴望通过自我奋斗完成价值创造和认可，在形象塑造中有意摆脱传统女性相关联的"符号"，并试图以工作为突破口进行角色转变，以寻求事业成功来打破女性作为"弱者"的惯常思维。

总体来说，这一时期我国影视剧中的女性职业形象处于萌芽阶段，既受之前传统女性形象的影响，又与时代发展的激流相碰撞，为之后阶段影视剧中的女性职业形象发展提供了方向。

（二）21世纪初—2010年：同情感碰撞，女性职业形象发展

千禧年后中国在市场经济的洪水猛兽中以一种"中国模式"走上了经济发展的高速道路，在全球范围内创造了无数的"中国奇迹"。与此同时，催生了新的社会价值观和思维方式的变革，寻求发展与突破成为当下时代的主旋律。

1. 社会女性形象的发展影响

中国社会的开放是这一时期女性"复归"声潮产生的导火线。经济的迅速发展和生活水平的提高，为女性通过就业走入公共领域助力。而中国社会传统性与现代性相互交织的矛盾也深刻反映在女性形象上。21世纪的女性代表，摒弃了传统女性的价值观，主动迎接挑战，逐步形成了有较高知识水平、

经济相对独立、生活内容相对丰富，最具"现代感"和开放精神的女性群体形象。不同于上一时期职业压力与家庭压力的挣扎，这一阶段女性往往将职业同具体情感相关联，展现出女性追求独立个性、渴望女性话语权的内心写照。

2. 女性职业形象的角色变向

影视剧中对女性职业形象的刻画有进一步发展，特别是职业种类，展现出不同阶层不同行业的女性职业形象，如表 3-1 所示。

表 3-1　2003 年部分影视剧中女性职业形象呈现

年份	作品名称	角色名称	年龄	职业身份	婚姻情况	形象刻画
2003	玉观音	安心	20 岁	缉毒女警	已婚	在戏剧的生活中尝到了爱情的甜蜜，也遭遇了婚后出轨，经历死亡挣扎，重新投入缉毒工作。
2003	粉红女郎	方小萍	29 岁	幼儿园教师	未婚	心地善良富有同情心，适婚年龄的她，内心狂热于结婚却始终无缘，付诸语言行动。
		何茹男	24 岁	打工妹	未婚	帅气利落，果敢干练，好强过头，以至于被大家当成拒绝男女私情的怪物。
		方玲	25 岁	化妆品推销员	未婚	风情万种，美艳动人，追求者一大堆。因此，她自认为集宠爱于一身，游戏人生，不相信世上有真爱。
		哈妹	19 岁	舞厅 DJ	未婚	憨直热情，不知爱恨，单纯，时常对"什么是男人"这个问题想不通。

同时，正面的、带有官方寓意的警察等具有传统男性化的职业形象，也出现在女性角色中。在我们所观看的 2001—2010 年部分影视剧中，就有 5 人

次的警／法务女性职业形象。同时，女性领导形象为 5 人次，说明女性职业

形象在影视剧中的呈现不再局限于上一时期的两个方向，如图 3-1 所示。

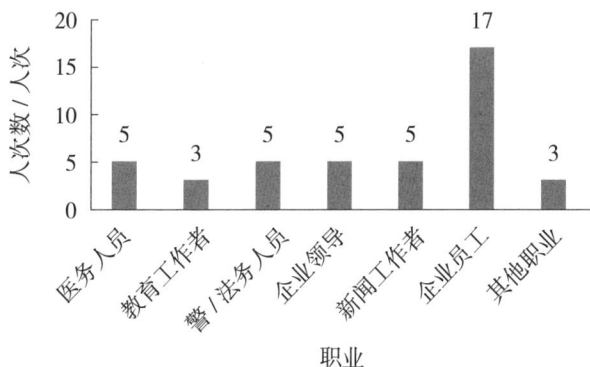

图 3-1　2001—2010 部分影视剧中女性职业的呈现情况

在这些女性形象的刻画上，也产生某些刻板印象。如女强人着装干练，

脾气火暴、多有离婚情况，如《婚姻保卫战》中的两位女老板（见表 3-2）。

而对于形象占比最高的企业员工，多侧重其情感生活的叙述，对其职业形象

特点描述单薄。

表 3-2　2010 年部分影视剧中女性职业形象的呈现

年份	作品名称	角色名称	年龄	职业身份	婚姻状况	形象刻画
2010	婚姻保卫战	李梅	35	经理—商人	已婚	原是证券公司财会部经理，业务精进，为照顾家庭调到客服部，之后下海成为女强人。
		兰心	33	私营皮具公司老板	已婚	女强人代表，因为遭受诈骗，公司倒闭。

值得一提的是《杜拉拉升职记》，成为当时影视剧中经典女性职业形象刻画作品，引发了女性的"职场热"。它展现出新时期独立自主新女性的形象，即女性白领，成为群体代名词，在时代发展中不断延续深化其内涵。

（三）2010 年至今：同多元碰撞，女性职业形象延伸

世人的眼界在全球化的过程中不断开阔，女性主义意识越来越成熟。影视剧适应当下需求，展示出新时期多样化的女性职业形象，既保留了上一阶段传统的职业形象，又增加了兼具潮流的刻画。

1. 职业呈现领域的多元化

首先，伴随着 2010 年前后宫廷剧的火热，女性职业形象根据影视剧所拍摄时代不同进行了演绎，以事业形象出现的女性逐渐增多，如《武媚娘传奇》《陆贞传奇》《芈月传》等所体现出的女政治家形象、《北上广不相信眼泪》体现的传统的事业女强人形象等，"她力量"的倾向开始凸显；其次，女性双重身份的抉择问题讨论更加深入，如 2018 年《找到你》剧中的李捷兼具母亲与职场女性双重身份。时代的发展促使女性增强了追求自我的意识，社会进步为女性提供了更多选择，但与之相伴的是如影随形的束缚，影视剧把女性现实的两难境地呈现给了观众。

同时，跟随潮流应运而生的"剩女""腹黑""励志"等女性形象也同女性职业形象联系起来，如 2018 年《谈判官》中的励志女性形象和宫斗剧中的"腹黑女"形象也在逐年增加；2020 年《谁说我结不了婚》讲述了年过三十的女性对婚姻、事业、生活的思考和态度等，反映了新时期女性对精神世界的独立、自我价值的实现和婚姻生活质量的追求。

2. 形象呈现形式的多元化

在女性职业形象呈现多样化的同时，女性职业形象呈现方式也随之丰富。

以女性为主角群体的呈现形式，将不同类型女性放置到同样环境下进行碰撞与思考，如《欢乐颂》呈现了不同职场环境下女性职业形象，反映了当代女性在职场上的生存状态及对阶层板结的冲破；2020年《二十不惑》《三十而已》、2021年《我在他乡挺好的》等作品则以年龄作为一个剖面，对某一类女性群体进行解读，契合新时代女性的心理感受与情感体验，与时俱进地反映了新时代独立女性的人生观、世界观与价值观。

对于女性角色的刻画，一方面，新时代影视剧在题材上有了重要创新，如2019年《都挺好》中苏明玉反抗家庭"重男轻女"观念，努力成长为一名独立、霸气的女高管，却难以摆脱原生家庭的伤害，展示了现实主义父权文化对女性个性及职业的影响；另一方面，是对当前女性群体精神的正向引导，如2020年《山海情》中执着、坚毅带领全家走出贫困的李水花和2021年《功勋》中讲述的屠呦呦和申纪兰两位女性的真实故事，将时代精神与角色结合，展现新时期女性崛起的力量。

二、影视剧中女性职业形象变化特点

我们通过对三个阶段的女性职业形象在影视剧中的体现，揭示了女性形象的变化特点。

（一）社会发展影响的时代化

时代现状造就了女性职场现状，影视剧通过演绎和艺术化折射时代现状，为女性职业形象提供了发展的可能。根据"偶像优先"理论，人们更倾向于模仿社会上距离最近或地位最高的人。职场影视剧的开播基于职场人的广泛性，大部分受众容易将影视剧中角色的职业、社会地位与自身联系到一起，并对照剧中的角色形象做出改变，小到职场服饰风格、语言，大到职场环境氛围的改变。

（二）形象塑造印象的类型化

女性在生活中往往扮演多个角色，责任和义务使她们将注意力分散在多个事物上，也正因如此，她们容易忽略自身的需求和发展。但随着时代进步，女性意识逐渐觉醒，女性开始不断探寻自我形象，影视剧的角色也从起初的单纯职业与母亲形象的挣扎，发展到多类型职业的塑造。

（三）影视呈现形式的丰富化

女性形象被越来越多的影视题材从不同层面加以体现。从单一的传统职业女性到多元化、多层次的职业形象；从对女性保守型职业的认识到开放接纳不同价值观所呈现出的女性职业形象。随着时代发展和思想开放，女性职业形象的呈现不仅仅局限于荧屏，在互联网、新媒体等媒介也都能体现出女性职业形象的变迁。

三、影视剧对职场女性形象刻画的影响

（一）仍存在女性职业刻板印象

研究表明女性从业具有四大优势特性，分别是感知型、沟通型、美感型和智慧型。因此，传统中人们认为女性更适合咨询、客服、销售、内务、行政、财务、人力资源管理和企业流程管理等职业。这对女性发展带来的制约，在影视剧中也得到了明显展现。

国产影视剧的女性职业形象较为刻板，如职场小白常呈现冲动、缺乏理性；难逃男权思想的藩篱，习惯性依靠男性拯救；过于善良、用道德绑架他人；空有美貌但缺乏谋略等特征。女强人则外表精致、气场强大、逢凶化吉，身边总有与之相配的霸道总裁一路相随。扁平化的"大女主"，不仅让观众审美疲劳，也误导了社会对职场女性的认知。

（二）以职场充当情感剧背景板

根据剧情需要，将女性置于矛盾焦点，并以女性为主要导火索增加影视剧的看点。女性事业心成为除家庭冲突外的另一看点，但本质仍是职场掩盖下的欲望挣扎，如在职务提拔等方面，必定出现不择手段、设计圈套等经典桥段。即使剥离职场的背景板，女性在任何场合都会处于矛盾旋涡的中心点，如家庭关系、朋友关系等都是矛盾的来源，并呈现出女性过于情绪化等负面形象。

（三）女性物化与女性意识仍需突破

为满足人们的审美而带动消费，影视剧常以年轻貌美的女演员来塑造女性职业形象，利用女性特点来招揽观众，显示出物化女性的营销策略。同时，影视剧在女性问题的关注上仍缺乏女性意识，虽然"剩女"剧从女性视角出发，但"剩女"们在寻找另一半的过程中也遭遇男性挑剔的"凝视"与社会压力。部分影视剧为了能够在社交媒体上引发讨论，刻意制造和渲染冲突。

荧屏投射出的是故事化和极端放大化的现实，也反映出现实本真。一个特定的时代，总有占主导地位的价值观念、思想意识和社会心理模式，对女性职业形象产生重要影响。当前指引中国女性发展的是一种全新理念，女性自我发展和群体意识增强，对职业的选择不断丰富。影视剧中女性形象的发展，体现出女性在社会文化层面地位的提高。因此，从女性出发，避免以牺牲女性利益来换取利润，为被妖魔化的女性形象正名，给受众以健康正确的引导，是未来影视作品中应有的女性职业形象及女性群体刻画的方向。

徐弯　吴沁晔　玛依热　吕宛泽　杨涵驿：浙江大学第八期女大学生领导力提升培训班学员。

对女性就业歧视说"不"！

陈柳依

    随着我国经济社会发展，女性的社会影响力显著提升。国家统计局在2019年发布的《中国妇女发展纲要（2011—2020）》中指出："全国女性就业人员占全社会就业人员的比重为43.7%，城镇单位女性从业人员达到6684.2万，比2010年增加1822.7万人，增长了37.5%。"然而，受各种历史和现实因素的制约，女性在职场中仍然受到性别歧视，主要表现在自主择业、平等求职、职业发展和薪酬待遇等诸多方面。因此，我国呈现出女性受教育水平较低、就业率难以提高、生育率持续低迷的困局，女性难以平衡职场与家庭，社会难以平衡物质和人口再生产的关系——这是关系一国长治久安、社会稳定和谐的重要课题。

    如果仅仅基于女性的性别而对其在就业中实行区别、排斥或特惠安排，且这种区别对待超出了职位本身的合理要求，实质性地损害了女性就业的机会平等或待遇平等，那么这种行为或者观念就可以视为女性就业歧视。女性就业歧视由来已久、形式多样、成因复杂，研究女性就业歧视问题恰逢其时、意义重大。

一、女性就业受歧视的表现

（一）就业机会受限

女性的就业机会不平等在我国主要体现在用人单位在招聘员工时，通过各种招聘条款对员工性别进行限制，其中许多规定超出了职位本身对于性别的需要，既不合法也不合理，这在高校女大学生就业时表现得特别突出。

北京大学法学院妇女法律研究与服务中心 2017 年发布的《中国职场性别歧视状况研究报告》显示，19.2％研究生以上学历女性求职时被拒，16％女性成绩明显优于男性却被拒绝录用；私营企业中 4.1％的女性被迫签订"禁婚""禁孕"等条款；21.5％的外企和合资企业不愿招聘处于育龄且尚未生育妇女；单位招聘女性过程中甚至提出身高、体重、年龄、长相等不合理要求。

（二）晋升通道狭窄

在女性员工进入用人单位内部之后，往往得不到重用。女性在通向更高职级的路上往往会遭遇"天花板"效应，阻碍其获得更高的职位与报酬，而这种障碍仅仅是基于性别因素，与工作条件无关。最新调查研究显示，随着职位升高，管理职位中男性和女性的占比差距逐渐增大，领导层女性的比例急剧减少；就升职概率而言，不同层级中男性升职的可能性均高于女性，男性高层管理人员在未来一年内晋升的可能性更是高出女性近 13％。

（三）职业待遇偏低

女性员工的平均薪资普遍低于男性，这一方面是因为女性较多地处于较低层次或者辅助性质工作岗位，职位本身的薪资待遇低，另一方面是还存在男女员工同工不同酬的情况。

北京大学教育学院教育经济研究所 2017 年问卷调查显示，男性大学生毕业月薪平均为 5034 元，而女性仅为 4592 元，两者相差 442 元，女性比男性工资低近 9%。据了解，2019 年中国男性与女性整体平均月薪收入分别为9476 元和 7245 元，两者相差 2231 元，男性薪酬均值高于女性 23% 且薪酬涨幅高出女性群体 8 个百分点。2020 年男性整体月平均收入为 9848 元，而女性的相应收入为 8173 元，男性收入比女性收入高 17%，差距仍然存在，但从 2019 年到 2020 年，差距减少 6%。

二、女性就业受歧视的原因

（一）女性生理相关原因提高劳动力成本

首先，女性作为人口生产的直接承担者降低了劳动力效益，"生育代价"是女性遭受就业歧视的主要原因。研究表明，生育子女数量与女性就业质量之间呈显著的负相关关系。其原因在于：从客观上说，女性在怀孕、哺乳以及照料子女期间无法充分投入工作，其工作时长和工作量都受到限制；从主观上说，由于女性对于子女及家庭的精力投入更多，部分女性降低了对职业的期望。

其次，女性身体素质普遍弱于男性，且存在"四期"（经期、怀孕期、产期、哺乳期）的特殊生理阶段，因而不适宜承担体力要求高、工作压力大和需要频繁出差的工作，这就限制了女性进入特定行业，还降低了女性员工的替代水平，使得用人单位在同等情况下倾向于录取男职员。

再者，女性在整体的就业压力下处于更为弱势的地位。我国总体上仍处于人口红利期，再加之全民受教育水平显著提升，每年毕业季有大量的高校毕业生涌入人才市场寻求相对有限的就业机会，强化了劳方弱势的局面。不少女大学生毕业后面临较高的就业门槛，就业信心受挫，即使求职成功也存在着低质量就业、不充分就业的问题。

（二）用人单位缺乏社会责任感滥用选拔自主权

根据人力资本理论，由于女性的生理特点和生育职责，同等条件下女性员工的生产效率低于男职工而女职工的用人成本高于男性员工。即使在男女不同工同酬的情况下，按照现行的《女职工特殊劳动保护条例》，用人单位在女性职工哺生育和哺乳期内不仅需要正常发放工资，还需要安排其他员工接手相关工作，这不仅可能增加额外支出，还可能打乱单位原有的运行节奏。因此，许多中小企业选择少招育龄妇女，对于女性劳动力设置了诸多障碍，包括在招聘时询问婚育情况、入职前签订禁孕协议、生育后拒绝恢复原职以及在晋升和薪酬方面加以非正当限制。

在劳动力市场中用人单位享有极大的自主权，市场化改革浪潮促使用人单位片面追求经济效益而推卸社会责任。需要明确的是，即使是以盈利为导向的私营企业也需要在整个社会良性运行的情况下才能生存发展，因而都需要兼顾经济效益和社会效益。如果用人单位都为了一己私利大肆排斥女性就业，那么不仅会损失大量劳动力损害社会再生产，也会极大地挫伤女性的生育积极性，导致人口再生产出现困难。事实上，近年来中国已经出现了生育率持续低迷、女性就业率难以升高的"双困"局面，十分值得警惕。

（三）国家机关对女性就业的监督与支持不到位

第一，我国反就业歧视相关立法不完善、执法不到位。一是现行法律中对反就业性别歧视条款的规定比较模糊。我国法律并未明确可以有性别要求的行业或单位或岗位的男女就业比例，对于用人单位违反就业性别歧视的法律后果也没有进行明确规定，这就给用人单位留下了钻空子的可能和侥幸。二是我国现行司法实践中缺乏完善的救济途径，个人维权门槛比较高。比如女性受到职场性别歧视后，如何举报用人单位、举证责任如何分配等，大多数人都不了解具体内容；如果都通过法院诉讼的渠道维权，那么时间和金钱等成本会让许多人望而却步。三是缺乏反就业歧视的专门执法机构。保障女性就业权需要民政、市场监管、劳动保障等行政与立法司法等多部门协作，但是在实际操作中，主要部门缺位、协同部门职能划分不清、彼此缺乏沟通合作，导致对用人单位监管不到位，尤其是在中小城市的中小企业中执法不严的问题更为突出。

第二，我国生育保险、幼托育儿等方面的配套制度和设施尚不完善。我国生育保障本质上是社会统筹性质的雇主责任险，个人不缴费，单位缴费费率为职工工资总额的 0.4%～1%，其制度覆盖范围主要为城镇企业职工，其保障待遇主要包括生育医疗费用（含计划生育手术费）和职工产假期间的生育津贴。2019 年改革后，生育保险和职工基本医疗保险相合并。这种生育保险的问题在于企业负担较重，灵活就业人口和流动人口等难以享受到生育保险，并且各地经济发展水平差异也导致生育保险发放不够公平充足。此外，我国的公立平价幼托机构较少，阶层城乡区域之间的幼托资源分布不均，极大地限制了青年女性在生育后重返职场。

（四）社会性别刻板印象限制女性职业发展

女性就业歧视是更广泛的性别歧视的体现，这种社会性别刻板印象可以归因为三个维度：首先是社会层面的传统性别隔离。这种观念认为男性在体力、创造力、冒险精神等方面更适合参与社会劳动并且承担领导性角色，而女性感性、细心等特征更适合从事家庭生产并且应当作为辅助者和服从者。尤其中国是一个深受儒家文化影响的农业文明大国，重男轻女观念根深蒂固。在私领域中男子对财产继承、祭祀丧葬等家庭事务的特权与公领域的权力、财富、法律和知识的垄断合谋，共同维持了长达千年的男权社会。其次是人际关系圈的被动性别定位。个人成长深受家庭亲友环境的影响，即使当下也有不少家庭仍然期望女性重家庭、轻事业，期望女性学文科不要尝试理工科，这种看似保护的性别观念也限制了女性职业理想的形成和就业能力的培养。最后是自我性别意识。性别意识不是天生的，而是通过社会化习得的，不少女性在家庭、学校和职场的性别偏见的文化下成长起来，缺乏性别平等的敏感意识。当然，在时代进步大潮和女性自身努力之下，女性话语权也更大，社会主流性别观念更加趋向于平等。

三、改善职场性别歧视现状的建议

（一）女性调整心理预期和提高自身综合素质

一方面，女性求职者应该充分了解严峻的就业形势，树立正确的就业观和性别观，不应该囿于社会性别刻板印象而自我设限，应该全面了解和大胆尝试不同的职业方向，为自己制定清晰而适宜的职业规划，并且要在平等就业权受到侵害时积极发声、正确维权；另一方面，女性求职者也应该增强自身综合素质，提高受教育水平、丰富实践经历、增强女性之间的团结互助，争取来自家庭和其他社会网络的支持，有效平衡好生育与劳动的关系，减少后顾之忧。

（二）用人单位应树立正确性别观和提升人力资本利用率

主管单位应该通过培训向企业管理层传递性别平等的观念，共同营造男女平等的职场环境和企业文化。高层管理者应当结合企业发展的实时动向与员工个人的绩效期待为团队设定绩效目标，其考核方式应以定量化指标为主、定性化指标为辅，用可视化数据作为评判标准。绩效考核后应进行结果公示，让员工了解到自己与他人的绩效差距，并将考核结果作为日后员工晋升的依据。同时，应该评估其为减少基于性别的不合理薪酬差异所做出的贡献。通过行动将向员工传递"除去性别歧视"的强烈信号，引起所有人的重视。

（三）政府应完善政策法规和落实女性就业支持的相关制度

在我国未来的立法工作中，应明确对于"就业性别歧视"的界定和适用范围，对于属于"就业性别歧视"进行有效界定，方便法律适用，同时要对一些用人单位故意规避法律的制裁对女性职员进行隐形歧视这一情况进行明确界定，并规定其法律责任，如"同工不同酬""单身条款""禁孕条款"等。

首先，要建立专门的反就业歧视机构和加强执法效能。我国可以参考外国成功经验设置专门的平等就业委员会，主要在国家级及省级层面设置，负责反就业歧视工作的组织、协调和指导。比如在劳动和社会保障行政部门内部建立平等就业机会办公室，可以对妇女遭受歧视案件进行调解，并建议用人单位停止性别歧视的行为。在调解不成或劝导失败时，可对用人单位进行行政处罚，并可代表女性向法院提起公益诉讼，从而保障女性的平等就业权。

其次，要加大对女性生育保障的资源投入。在女职工和用人单位之间客观存在着劳动权与生育权的冲突，过度偏袒一方都不利于解决"生育代价"这个歧视的根源问题。在制度层面，国家应该制定明确的产假雇佣保护制度和可供选择的带薪产假（陪产假）制度以及女职工灵活工作制度，明确用人单位违反上述规定需要承担的法律后果，并且严格执法；在资源层面，国家也要加大投入疏解用人单位，尤其是中小企业的财力困境以及中低收入女性的家庭财力窘境；在生育保险方面，要坚持减轻用人单位负担、迈向社会统筹性质的改革方向，对没有稳定单位的生育女性提供非缴费的生育津贴；在育幼方面，国家可以鼓励有条件的用人单位自办幼托和义务教育机构，建立更多的平价可及可靠的幼托机构，为已生育女性重返职场减轻后顾之忧。

（四）社会层面要加强对女性就业的正面引导

学校应该在技能和思想方面给予女大学生更多的专门性指导，引导女性树立自食其力的信念；媒体要抵制为吸引眼球大肆渲染女性拜金的负面新闻，更多地树立正面女性形象，吸引年轻女性效仿；共青团、妇联等群团组织可以与其他非营利组织适当合作，在微观层面给予女性具体的帮助。只有在社会层面树立起男女平等和女性自强的观念，才能倒逼传统的父权家庭转变观念，消除"干的好不如嫁得好"等所谓"性别红利"观念对女性的麻痹和误导。

四、结语

就业是个体融入社会关系网络和传递社会资源的重要途径，是社会再生产的重要内容。女性就业问题的特殊性在于生育权和劳动权存在一定的冲突，女性劳动者要同时承担人口再生产和社会再生产的职能，她们需要更多的社会支持而非歧视。

女性就业歧视的根源在于生育责任，而这绝不仅是传宗接代的"家事"，也是代际更替的"天下事"。现代社会的生育养育行为不能仅靠家庭独自承担，国家和社会必须给予足够的价值认可和物质支持，用人单位、立法与执法机关、宣传和教育机构需要合力解决女性的劳动—生育难题，才能从观念上消除对女性的各方面歧视，从物质上给予女性劳动权利以切实的支持。

马克思主义认为："每个人的自由发展是一切人的自由发展的条件。"保障女性平等就业的权利是促进女性全面发展和社会和谐进步的必然要求。"道虽迩，不行不至。"自新中国成立以来，党和国家始终不渝地推行男女平等、保障妇女就业权和生育权的政策，并且根据不同时期女性在人口生产和物质生产领域的作用和经济社会发展情况作了灵活调整。在新时期，党和国家突出强调"以人民为中心"的发展思想，多管齐下统筹解决人民急难愁盼的就业、教育、医疗和养老问题，女性平等就业权得到更加扎实的保障，实现女性自由全面发展有了更光明的前景。

陈柳依： 浙江大学第十二期女大学生领导力提升培训班学员。

女博士的"脱单学"

周涵　王艺潞　严语欣

民生问题宏大又微小。其中，婚恋问题是人们一生中的重大问题。在当代社会，高学历女性的婚恋困境已成为较为显著的民生问题，拥有博士学位的女性甚至被嘲讽为"第三性别"。近年来，中国高学历大龄未婚女青年的数量在不断升高，高学历"剩女"现象频频引发社会关注。在此背景下，我们试图呈现当下我国高学历女性的情感状态和婚恋意向，并从多方面探究高学历女性出现婚恋困境的原因。

一、近年来我国青年婚配情况

（一）我国青年结婚率连续数年降低

近年来，我国青年结婚率逐年降低，而离婚率却居高不下。2020年中国婚姻数据显示，我国全年依法办理结婚登记814.3万对，比上年下降12.2%；依法办理离婚手续的夫妻共有433.9万对，离婚率为3.1‰。而根据民政部公开的2019年婚姻数据，我国全年依法办理结婚登记夫妻927.3万对，比上年下降8.5%，结婚率为6.6‰，比上年降低0.7个千分点；依法办理离婚手续的夫妻共有470.1万对，比上年增长5.4%，离婚率为3.4‰，比上年增长0.2个千分点。

如图 3-2 所示，我们得知：2020 年官方统计的结婚登记人数较 2019 年减少了 113 万对，这是继 2019 年结婚登记人数跌破 1000 万对大关后，再次跌破 900 万大关。同时，这也是 2003 年以来近 17 年中，结婚登记人数的新低，仅为 2013 年（结婚登记人数最高峰）的 60%。

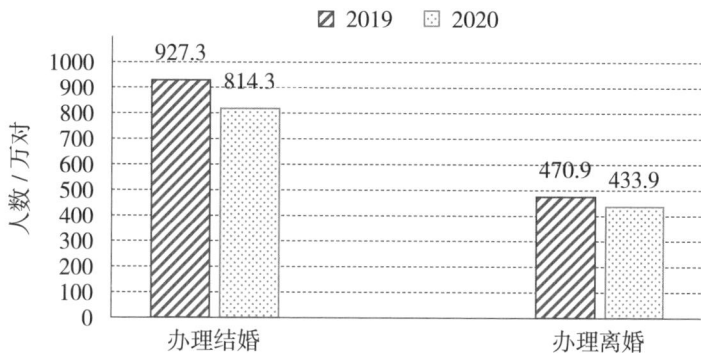

图 3-2　2019 年与 2020 年中国婚姻数据

（二）我国单身人口情况

民政部 2018 年数据显示，我国未婚成年人口高达 2.4 亿人，其中有超过 7700 万成年人处于独居状态。而与数量愈发庞大的独居人口并行的，是一人户占比的逐年增加。近年来，家庭单身化已成为我国社会一大趋势。《1994—2020 年中国人口和就业统计年鉴》显示，1994—2019 年期间，我国单人户家庭比例整体处于持续上升趋势。2019 年我国单人户家庭比例为 18.45%，相较于 1994 年增加了约 3 倍；2019 年我国单人户家庭数量约为 8610 万，相较于 1994 年增加了近 5 倍。2020 年第七次人口普查公报（第 2 号）数据表明，我国平均每个家庭户的人口为 2.62 人，比 2010 年第六次人口普查的 3.10 人减少了 15.5%。

（三）我国高学历人群的婚配情况

1. 高学历女性在数量和比例上显著提高

《中国教育年鉴》的相关数据显示，2001 年，我国在校研究生（包括硕士生和博士生）总人数为 30.1 万，其中女博士生仅 1.6 万，占总博士生人数的 24%。2015 年，我国研究生在校总人数达 184.7 万，其中女博士生为 11.5 万人，占博士生总人数的 36.9%。短短 15 年间，女博士生在数量和比例上的提高是显而易见的。

2. 高学历女性未婚人数和比例快速大幅攀升

第六次全国人口普查结果表明，随着教育程度的提高，2000—2010 年青年女性单身比逐渐提高。2000—2010 年，25—29 岁研究生青年单身比例增加的幅度较为突出，其中男青年增加了 11.3%，女青年增加了 21.1%。在大于 30 周岁的中国妇女中，仍保持着单身状况的比例是 2.47%，这一数值较第五次中国人口普查的结果提高了 2 倍，而其中硕士以上学历的中国妇女有近50% 仍然是单身。

依据 2005 年和 2015 年北京市 1% 人口抽样调查结果可知，2005 年未婚女性总计 26491 人，2.3% 具有研究生学历（610 人）；而 2015 年未婚女性为28555 人，14.98% 是研究生学历（4278 人）。可见，具有研究生学历的未婚女性比例在 10 年内大幅攀升。

二、我国高学历人群单身率较高的原因

根据前文可知，目前我国单身人口数呈上升趋势。值得注意的是，这一轮单身浪潮与以往不同，单身人群主要集中在文化程度较高、有一定经济实

力的群体。而硕博高学历者，就是其中一个典型群体。

在此背景下，理想之岛与联合问卷网一同推出了《2021 我国单身硕博婚恋意愿调查结果》的重大调研项目。研究内容主要包括硕博高学历者的单身原因、择偶要求、婚姻态度，以及生育打算等多个方面，力求真实呈现当下中国单身硕博高学历群体的情感状态和婚恋意向。本文将从社会因素、社交因素、思想因素等方面具体分析高学历女性单身率较高的原因。

（一）社会因素：婚姻匹配模式

随着我国人民生活水平的提高以及高等教育的逐渐普及，高学历女性人数不断增加。在中国传统文化社会发展中，"先赋型"思想在婚恋中发挥了作用。而现如今，"自致型"思维则起着越来越令人瞩目的作用。在"自致型"婚恋思维中，个体的择偶标准受到主观能动性的深刻影响，这与工业化和现代化的持续发展、高等教育大众化的原因密切相关，而高学历则是现代化发展的"自致型"的典型表现。所以，当前我国的婚恋匹配模式将越来越呈现以学历、经济条件为主要衡量指标的、同质化择偶需求不断加强的发展态势。

除此之外，"男高女低"婚姻作为传统婚配模式，对当前女性择偶观仍具有一定影响。在这种传统婚恋观的挤压之下，高学历女性摇摆在自信与自卑之间，即优秀的女孩们倾向自我欣赏，甚至自我迷恋，而大龄未婚状态又让她们在社会舆论压力下呈现不自信状态。受我国传统观念的影响，仍有许多男性更偏向于挑选比自身"弱"的女人作为伴侣。在他们看来，一方面，高学历女性一般会选择将事业置于优先位置，影响她们在家庭中的奉献度；另一方面，在面对学历比自己高的伴侣时，传统"男尊女卑"的思想让男性滋生出自卑情绪，同时男性的"不喜欢"又让女性进入一种近乎自卑的情绪。

在学历同质性、男高女低婚恋机制、社会精英比重上升等各种因素的共同影响下，女性更向往嫁给比自身学历与社会层次地位更高的男性，而男性则偏向于选择学历和社会层次地位都不如自身的女性，这就使得"高学历剩女"与"低学历剩男"现象的出现。调研结果表明，硕博脱单难，女性硕博脱单更难。通过中国教育部的统计可知，2021年我国在读女硕士首次超过男性，占比为50.36%，此后10年女性硕博基数都高于男性。另外，女性硕博对学历要求较高，四成女性硕博要求对方同样具有硕博学历；而八成的男性硕博则愿意在学历上向下兼容。换言之，当女性的受教育程度及经济、社会地位提高后，"男高女低"的传统婚配模式与实际情况更难匹配，适龄青年更难找到合适的对象。

（二）社交因素：交友圈狭窄，择偶方式受限

如表3-3的研究显示，已婚高学历女性主要经过"亲戚朋友介绍"（43.03%）和"线下相处认识"（41.14%）的方式来结识新对象；未婚的高学历女子，则大多通过"线下相处认识"（64.06%）结识对象。总之，不管已婚或者未婚，"线下交往认识"是他们的主要择偶渠道，对"婚恋服务中介"和"线上交友"的择偶方法则选择相对较少。

表3-3　高学历女性择偶方式对照

类型	亲戚朋友介绍	婚姻中介介绍	线下相处认识	线上交友认识
已婚	68（43.04%）	11（6.96%）	65（41.14%）	14（8.86%）
未婚	30（23.44%）	2（1.56%）	82（64.06%）	14（10.94%）

注：本调查针对高学历（有博士学位）女性展开，参与调查人数共286人次，括号中的比例是由选择此择偶模式的频率除以本类人群选的总体频次所得。

主要因素有两点：其一，未婚高学历女性许多是在校生，社交网络结构相对简单，所接触的异性对象一般为身边的同事或好友，这就决定了这一人群中选择配偶"线下相处认识"的机会比重更大；其二，根据差序格局学说，较高学历女性和异性联系的建立主要依靠人际关系和地缘人际关系。在成熟者的人际关系中，人与人之间联系的建立以血缘为根基，家庭既是社会单位，也是社会联结的节点，而家庭亲属又是最有效的"媒人"。于是，亲属介绍对象便成为她们最主要的寻找伴侣渠道。在今天，随着人口的流动，更多的高学历女性远离出生地来到客乡求学，她们也在当地形成了较为亲密的地缘关系，而这些地缘关系也变成了高学历女性寻求异性的重要渠道。

（三）思想因素

1. 择偶观念的影响

在寻找伴侣方面，高学历女性会更兼顾包括经济、地位等在内的物质性准则和包括感情、价值观等情感性准则。所以，这一类女性要求伴侣在学历、工作能力、薪酬水平、年龄和外貌上与自己相匹配或者高于自己，在人生情感和价值观等方面也要能平等相处。总之，高学历女性有向上的择偶观念，而这些物质标准与情感标准，在个体上很难兼得。部分受访者表示，年龄、学历和社会经济地位是爱情的物质基础，而精神上的共鸣也相当重要，若缺乏情感上的吸引，即使各项客观条件都符合要求，彼此的交往也难以维持。只有男方同时满足客观条件和主观情感标准时，她们才有足够的择偶意愿。

虽然高学历女性择偶标准较高，但很多高学历女性在短期内无法将自身的学业知识迅速变现，甚至需要经济支撑学业完成。因此，她们往往会对另一半提出明确的经济要求。在大部分择偶市场中，女性的高学历背景代表了其未来的发展潜力，这也是高学历女性择偶标准较高的原因之一。从长远来看，高学历女性所接受过的教育程度决定了在走出校园经过一段时间的打拼后，她们基本能够积累一定的物质条件，也有助于为婚姻贡献更好的物质基础和更优质的社会关系。同样，接受过更高教育的女性更重视在婚恋问题上自身的精神诉求，把情感的体验和交流作为感情关系可持续性发展的重要条件。她们理想的优质伴侣在择偶市场上也是最受欢迎的，这些男性在择偶时有更多的选择，有不少个体会更加看重除了学历之外的其他标准，如外貌、性格、年龄等。所以，男女之间配对准则的错位与不平等，使得大量女性在面临择偶问题时"高不成，低不就"。

2. 独立女性"安于单身"

高学历女性通常拥有管理自己生活的能力，经济地位的提高、思想状态的完善，让这些女性逐渐变得更加独立。从社会角度看，互联网科技的突飞猛进以及人们生活节奏的加速，促进了消费主义的兴起和个人主义的扩大，也弱化了结婚、生育、养老观念。对个人来说，婚姻已逐渐由一生的必选择转化为个人生活安排的选择题。从择偶角度看，女性在择偶问题上从满足物质要求的取向转变为追求更高层次的精神需求，保有"宁缺毋滥"的思想态度。

虽然女性已成为中国高等教育的重要主体，女性的职场话语权在不断加重，但女性在子女教育与家庭经营上仍比男性投入更多的时间精力，甚至有时候被要求牺牲事业来维持家庭生活的稳定。受过教育的女性，对上述所提及的责权不公平的婚恋模式认同感低。对于持有这部分观念的女性而言，结婚与生育并非她们人生的必经之路，甚至是其追求事业和人生高度的阻碍，这导致部分高学历女性具有保持单身的主动性。

若要不受婚恋因素干扰而专注学业或事业发展，许多大龄未婚女性选择保持单身。独立女性若能保持好的经济条件，往往能保持好心态，这对女性个人主观幸福感有明显的提升作用，而产生效果的主要原因是社会婚恋思想逐渐趋于两性平等、女性经济地位提升，以及在此思想下社会和家庭较从前对女性单身者的宽容度有所提高。

三、相关建议

（一）社会观念的改变

调研结果显示，伴随着高校扩招与晚婚晚育政策的普及，女性接受教育的时间相应延长，在一定程度上导致女性的初婚年龄推迟。接受了高等教育的女性在步入社会后，一般能拥有更高的社会经济地位，这是她们的优势。由此，她们对于婚配模式的追求逐渐从"早婚"演变为"优婚"。优质的晚婚不等同于不婚，社会应当提升对于高学历女性在婚配抉择上的宽容度，给予女性在婚姻问题上更加宽松的舆论环境。不逼迫女性"将就"，尊重个体为追求生活质量而做出的选择，是社会进步的一种体现。

同时，我们建议社会大众建立正确的婚恋观念。对于在经济层面上相对独立的高学历女性来说，她们对伴侣之间精神层次相契合的追求值得理解，比起解决嫁娶问题，社会舆论应当更注重如何帮助女性找到合适伴侣、建立和睦家庭，以及充分尊重女性对于婚恋的态度。作为婚姻中最初始和最重要的环节，婚恋绝不仅仅只是家庭关系的缔结，更重要的是婚姻生活的质量和对于婚姻的满意程度。社交媒体中的"相亲热"，以及功利导向的婚嫁观念，这些为获取流量而刻意构建的低俗化、功利化的婚恋舆论，不仅是对中国传统婚恋价值观的冲击，更是形成了一种不利于和谐家庭氛围构建的价值观逆流。我们应理智地看待社会压力对女性婚恋观的束缚，将追求婚姻幸福作为最重要的婚恋目的。

（二）适配政策的提出

作为接受过高等教育的女性而言，伴侣的受教育程度将成为其择偶的重要标准。本研究表明，经济独立的高学历女性，对于伴侣间在精神层面上的契合度有更高的要求，而学历水平可作为价值观、世界观契合的筛选条件之一。高学历女性的理想伴侣往往是学历水平相当的高学历男性，但在我国传统的婚恋匹配模式中，已经出现了"嫁高娶低"的婚恋倾向，这使高学历女性在婚配问题上的可挑选性减小，伴随着如此趋势，高学历女性的婚姻市场将出现"供需失衡"的问题。因此，学界与政府部门更需要关注在教育性别上的结构不均衡问题，寻找更有效的解决方案并帮助高学历女性获得更好的婚配环境。同时，也需要通过相应适配政策的设定，降低高学历女性进入婚姻所需的成本，促使全社会对女性有更多的理解，鼓励男性与女性共同分担家庭生活的责任。

（三）个人心态和能力的培养

1. 择偶模式的调整

研究表明，高学位女性的选择动因表现为"实现经济需求与心理需求为主导"；选择规范体现为"以获取稳定关系和情感契合为原则"；择偶方法主要体现为"有限性"和"地域化"，"亲戚朋友推荐"和"本校内寻找伴侣"是高学历女生择偶的主要方法。由此可见，尽管情感需求已成为高学历女性择偶的首要动机，但女性并没有因为接受了高水平教育，而在寻找伴侣的过程中淡化物质条件需求。另外，高学历女性有着"年龄大"这一在择偶市场中的劣势。因此，调整择偶模式是克服择偶困难的主要方法与路径。

2. 择偶标准再确定

通过更加全面综合的自我考量与评估，高学历女性应当在择偶问题上树立恰当的婚恋价值观和择偶观，以免择偶标准过分模糊或过高。选配偶标准应基于社会实际，理性看待"门当户对"的择偶观，尽量降低偶像剧、网络小说的影响。同时，择偶标准必须建立在正确的自我认知上，做好自身反省工作，并对自己的优缺点有更加清晰的认识。另外，在和异性交往的过程中，应尽量减少由于偏见导致过早否定的情况，给予双方更多的交流机会。

3. 积极培养择偶自信

除了要坚持个人对婚恋的追求、增强抗压能力以外，高学历女性还要用积极向上的心态应对自身的择偶问题。面临压力时，学会用冥想、与好友倾诉等方法疏导压力。此外，应尽量减少同辈竞争带来的负面影响，摆正心态，积极制定自己的人生计划和婚姻规划，不要因一时的错误而质疑自己，要以平常心应对择偶问题，进而踏实地生活与工作，树立坦然应对外界的信心，做出最有利于自身的婚恋抉择。

周涵　王艺潞　严语欣：浙江大学第十二期女大学生领导力提升培训班学员。

女装流行风格背后的女性意识

陈梓涵　高蓓洁　龚雅奇　沈芷菁　吴烁　姚冰欣　张丽影　郑瑶瑶

一、引言

　　服装作为人们日常活动的必要物质载体，其形式风格的变化因受到社会环境变化影响，呈现出阶段性和复杂性的特点。服装流行是指以服装为对象，包括服装的款式、色彩、质料、图案、工艺装饰以及穿着方式等，在一定时期、一定地域或某一群体中广受欢迎的流行现象。其中占主导地位的流行时装被称为"流行主流"。流行主流的服装风格在流行时间上往往占据一定周期甚至更长时间，其广泛传播的背后蕴含着社会人文历史等信息。对于服装风格，大多数学者将其定义为"一个时代、一个民族、一个流派或一个人的服装在形式和内容方面所显示出来的价值取向、内在品格和艺术特色，是服装整体外观与精神内涵相结合的总体表现，能传达出服装的总体特征"。

　　服装作为着装者思想与个性的载体，其风格特点能够体现出着装群体的精神风貌。在一段时期中一部分人服装风格的相似性即可构成服装流行。纵观整个服装史可以发现，不同时代流行服装呈现的不同创作风格，通常与时代环境、历史因素甚至民族文化、群体心理相关联，设计师的审美标准与艺

术理念大多依附于所处年代的社会物质和精神生活条件。因此，从服装流行
趋势的转变中，可以探究其所处时代背景、研究对象社会面貌所反映的文化
印记。

　　之所以选择女性服装，是因为新中国成立后，尤其是改革开放以来，政治、
经济、思想等方面发生翻天覆地的变化，女性角色快速转变，女性服装的现
代化进程不断推进：政治变革保障女性性别角色的发挥，使女性从严格的传
统家庭束缚中解放出来，开始追求独立人格和自主权利；经济上改变了依赖
家庭、依赖男性的固有模式，女性不再是男性的经济附庸，能够通过自己的
能力和资源获得经济独立；思想上女性得益于教育活动，逐渐焕发出新时代
女性风貌。与此同时，当前现代服装史的学术领域中，对新时代女性服饰文
化研究略有不足，对于流行女装思潮的研究未进行充分挖掘。

　　我们聚焦 1978 年改革开放以来中国汉族女装流行风格，探究社会多元化
对于女性服饰文化演变的深层次问题，结合性别意识角度，梳理改革开放后
女装的发展变化和女性社会角色以及自我心理定位转变的历程，从而研究中
国女性意识的发展与女性服装风格转变之间的密切关系，为当代女性着装设
计实践和女性意识的发展提供借鉴。

二、女性时代服装流行的发展与特征

　　我们梳理了改革开放以来几个时期女性服装的流行风格发展，从服饰流
行可以看出，在开放互动的文化社会背景下各个时期女性思想意识的变化。

（一）改革开放初期：夸张风格的起始

　　改革开放后中国物质文化快速发展，女性的职业选择增多，经济财产权

利增加，在服装上女性开始追求展示自己特有的曲线，通过色彩、款式呈现女性美，更加注重服装的个性化特征，女装的现代化进程不断加快。

改革开放以来到 20 世纪 80 年代中期，夸张风格的流行是我国女性在服装上新追求的重要表现。1984 年，由齐兴家执导、赵静主演的电影《街上流行红裙子》是第一部以时装为题材的电影，影响了当时众多中国女性夏装的选择。这一时期夏季裙装十分流行并且富有个性，涌现了众多新兴的花纹色彩搭配，缝线及衣兜不再只是作为服装的基本构成，还具有更加讲究的装饰作用，例如喇叭裤、喇叭袖、灯笼袖等。

（二）20 世纪 80 年代中期到末期：追求中性化风格

我国素来就有"妇女能顶半边天"的口号，这个时期我国国民经济飞速发展，到 1978 年逐渐建立起一个独立的、门类齐全的工业体系，在社会建设过程中对女性提出了更高的要求，不仅要像男人一样独立能干，连穿着打扮也要朝着男性的强悍方向发展。所以女性服装在这一时期出现了向男性化和休闲化风格靠拢的趋势。

20 世纪 80 年代，国际上流行大宽垫肩的造型。宽肩主要是男性的身体性征，女性希望从时装这一载体上模仿这一特征，并且考虑到女性和男性的体态不同，在保留原本身体特征的同时，引进了男性风范，通过加入垫肩强调肩部挺括造型，提高或延长肩部线条，使肩部视觉上更显宽厚坚实，使穿着的女性肩部挺括、平整，同时突出收腰的特点。因此，本来男性特有的西服式套装及连身式上班服，成为新时代"女强人"的典型形象。

（三）20 世纪 90 年代初期到中期：流行日趋多元化

进入 20 世纪 90 年代后，受到日、韩、欧美等风格的影响，现代女性的服装种类更加繁多，令人目不暇接。互联网的普及，也使得服装潮流受网络KOL（key opinion leader，简称KOL，关键意见领袖）的影响较大。此外，一些曾经相对小众的服装文化也走进了新时代女性的视野之中，服装风格日趋多元化。

20世纪90年代初期的白领风格女装，颜色多采用深色重色，搭配以西服套装为总样的特点，且附有最新的流行元素，多为宽大的短袖上衣或加垫肩的基本款西服上衣与一步裙。随着时间推移，白领风格的时装融入了运动休闲风的要素，由初期男性化风格明显的硬挺严肃，变得活跃跳动，除了黑、白、灰色以外，加入红、黄、蓝等颜色，使其充满朝气与活力，款式表现出运动休闲风格的舒适与便利。白领风格女装整体上庄重大方，款式较为正统，颜色素雅端庄，少有多颜色的拼接，面料与做工精致，目的在于塑造干练、清爽的都市上班女性形象，让着装者看上去自然温和，时尚优雅。

20世纪80年代的吊带衫被认为是不能单独穿着的内衣，通常有外衣遮掩。但90年代，吊带衫、吊带裙突然出现在了街头。1996年，露脐装在中国的流行更是一次服装风格的大胆转变。紧接着1998年，间接展示性感的网眼装和透视装流行开来。网眼装采取针织面料，透视装采用高度透明的纺织纤维，是一种更轻、更薄的女装。虽然不如吊带装、露脐装能直接展示女性的曲线美，但网眼、透视下隐约可见的皮肤，更表现了一种朦朦胧胧、"犹抱琵琶半遮面"的别样性感美。至此，性感风格在改革开放以来的中国女性服装上展现出了前所未有的大胆突破和求新求变。

（四）21世纪：基于文化认同的流行风格

伴随着经济全球化，中国国力增强，国际地位上升，复兴传统文化成为越来越多人的精神诉求，复兴汉服文化的呼声越来越高。2003年普通市民王乐天首次将汉服穿上街头，并被新加坡《联合早报》报道，引起了国内外民众的关注与热议，复兴汉服的热潮自此逐步扩大到全国，2003年也被称为汉服元年。汉族服饰总体风格平淡自然、含蓄委婉、典雅清新，讲究天人合一。以袍服为例，宽袍、大袖、褒衣博带，其线条柔美流畅，能够被多种体型的穿着者接纳，体现出鲜活的生命力和汉民族柔静安逸、娴雅超脱、泰然自若的民族性格。再如深衣，其形制符合"规、矩、绳、权衡"，其中蕴含丰富的文化内涵，包含儒、道、墨、法等诸家思想，伦理道德在服装中的体现也影响了穿着者的态度——追求平和自然、与世无争、宽厚仁爱。汉服受到广大女性群体欢迎，反映了女性对中国传统文化的自信，自我审美意识越来越强。

JK制服是指以日本女子学生制服，尤其是水手服和西式制服为基型的风格时尚，在中国也广受年轻女性的喜爱。这在当今已经成为一种流行服饰风格，甚至成为一种亚文化现象。JK制服在中国流行的原因有很多，学生制服不仅可以提升女性形象资本，也能满足年轻女性的自我认同感。在JK制服文化群体中，存在着一群对JK制服文化抱有严肃且热爱情感的"旅客"，其不仅了解JK制服的文化起源，更是对制服文化保持着专业性及忠诚度。而更多的人则是停留在参与者层面，将JK制服视为表演性时尚的"游客"。也就是说，"好看""合适""流行"成为重要的服装选择要素。

除此以外，近年来BM风、泫雅风等兴起，也都体现了多元文化传播下女性服装选择的多样性。

三、女性服装流行风格与女性意识的联系

从女性服装流行风格的变化中可以看到，中国女性从单一的家庭角色逐渐成为参与社会活动的多重角色。角色变化是自我意识觉醒的表现，由此也

可以看到在不同时代背景下，中国女性自觉意识实现了不同阶段的发展。

（一）思想解放，个性独立

1978 年以后，女性在社会中的地位逐渐独立于男性，服装越来越具有鲜明的个性特点。夸张式的服装流行具有突破性的意义，代表着中国女性逐渐形成了积极追求精神价值的意识，服装不再是简单的物质消费，而是自己风格和个性的代言。以服装为窗口，女性开始有了更多"自我"和自信意识，不再只强调服装的遮蔽作用，而是学会用服装来展示自己外观的独特魅力。

（二）追求平等，争取权利

20 世纪 80 年代以后，改革开放不断深入，社会对女性提出了更高的要求，女性的社会地位提高，社会角色进一步加快转变。男性化服装风格的流行，实际上反映了女性希望同样能够承担男性对家庭和社会的责任和重担，展示了新时代女性"能顶半边天"的精神风貌。一方面，这是对旧时代腐朽概念的摒弃，是女性地位提升的展现；另一方面，这一时期服装流行风格也展现出女性的中性意识，刻意淡化与男性的性别差异，以降低外在差别实现性别颠覆，增强心理认同。这也可以看出我国女性对于性别仍然处于懵懂认知阶段，在女性意识转向追求与男性平等方向的同时，忽视了对于自身性别的认同和强化。

（三）崇尚干练，彰显价值

20 世纪 90 年代，女权主义运动在全球范围兴起，现代的中国女性追求独立人格和社会责任的意识日益强烈，特别是知识女性增多，开始追求能体现职业风貌的白领风格。白领风格结合了职业的庄重与女性的优雅，可以说是女性将工作和生活一体化的表现，也表达了女性对舒适环境、高薪资水平和职业地位的向往。

（四）展现魅力，认同身体

性感风格可以让女性自由地展现自己的肌肤和身材，表现出人体天然的"自由意识"和女性特有的曲线美、阴柔美、风情美，是女性追求人体性魅力的体现，更是突破了对身体的"天然羞耻感"和所谓"有伤风化"的社会传统女性观。

这种流行风格鲜明地体现出女性在经济上取得了进一步的独立自主地位，有了对服装风格的选择权和支配权；同时，这也是女性自我人格进步的标志，女性对于自我的接受度提高，对自我价值的认同感日趋增强。

（五）文化包容，文化自信

21 世纪以来女性服装的多样性，体现出了文化自信与文化包容，也显示出了女性审美取向的多元化。女性对于社会思潮，从被动的接受者发展为主动的创作者、传播者，是女性社会地位提高、掌握自我主导权的表现，可以说女性的自觉意识达到了空前的高度。

综合来看，随着社会现代化程度日益提高，女性服装选择日益多样化，而女性社会地位和自觉意识的提升也与女装选择权起到相互促进的作用。

在多元文化盛行的时代背景下，我国女装时尚潮流也会随着女性社会角色的进一步转变而与时俱进，出现更加丰富的服装样式，进一步拓展时尚空间。今后的女性服装设计也将立足于现代女性的审美需求，在以自我表达为内在驱动中不断创新、不断实践。

■ ....

陈梓涵　高蓓洁　龚雅奇　沈芷菁　吴烁　姚冰欣　张丽影　郑瑶瑶：
浙江大学第十一期女大学生领导力提升培训班学员。

"女性如厕难"未解之谜

林怡纯　谭璐璐　茅佳怡　路小娴　秦雪燕　吴玥

一、引言

据世界厕所组织统计，人均每天上厕所 6～8 次，如厕是不容忽视的一件大事。美国康奈尔大学曾计算出两性小便时在厕所中的平均停留时间，其中男性 39 秒，女性 89 秒。可见，女性如厕需要更多的时间，是男性的 2.3 倍，这也意味着女性需要更多的如厕空间。

在人流如织的公共场所，我们经常看到，女性公厕前排满了长队，而男厕资源更多地处于闲置状态。这现象也促使不少女性行动起来，争取公厕规划的性别平等。2013 年 7 月，"占领男厕所"行为艺术的发起人以及其他城市志愿者共同完成《9 城市公共厕所男女厕位状况调查报告》，这份报告选取了北京、杭州、广州等 9 个城市的公共厕所进行调查，结果发现：重点城市女厕大多"拥堵"，9 个城市公共厕所的男蹲（坐、站）位与女蹲（坐）位的比例均无一例外是男多女少。

实际中，不少公厕都是按照同等面积、同等蹲位来设置男女厕位比例的，而且男厕中还增加有小便池。公厕男女厕位不均衡早已引起社会各界的关注，一些人大代表、政协委员和专家学者也在不同的场合呼吁和要求立法提高公厕的女性厕位比例。在 2015 年的全国两会上，全国政协委员葛晓音提交了题为《关于公厕建设提高女性厕位比例的提案》，建议比例达到 1：2。

国内一些学者针对这一问题进行实地调研，考虑了如厕时间、单位时间如厕人数、我国城市公厕配比等因素，提出改进女性外出方便难问题的解决方案，例如从 2012 年开始陆续有人提出"必须有刚性约束"的建议。

部分研究者从更宏观的视角探讨这一现象的原因和结果。如王一哲提出空间涉及复杂的权利关系运作，强调在公共空间建设中加入性别视角的重要性。谢春龙等针对文科院校进行分析，提出女生如厕难题会影响教学质量。郭紫璇等主要以社会生态系统理论为基础从社会学角度对影响厕所友好度的原因进行分析，并提出将女性一般如厕时间和厕所人流量及保洁人员可承受的工作量三者结合来设计厕所蹲位。

我们通过在 Z 大学某校区的实地考察和问卷调查，分析校内公厕的使用现状及问题，了解师生对此问题的感受和看法。结合已有研究，从多个角度探索性别差异的根源，反思公共场所厕所建设现状，提出提升公厕女性友好度的可行建议，为争取如厕设施男女平等增添有力佐证。

二、Z 大学某校区公共厕所现状分析

（一）问卷调查

为了解 Z 大学某校区公共厕所女性如厕各类相关信息，我们制作并发放了一份线上问卷。本问卷收集到 147 位在本校区学习或工作人员的有效回答，其中八成女性，二成男性（见图 3-3）。问卷中，我们调查人们对蹲厕和坐厕的偏好，以及对于设置无性别厕所的态度。对于女性答卷者，我们调查她们

在校内各主要活动区域公厕排队等候情况的频率、如厕时携带手机的情况以及延长如厕时间的原因等问题。

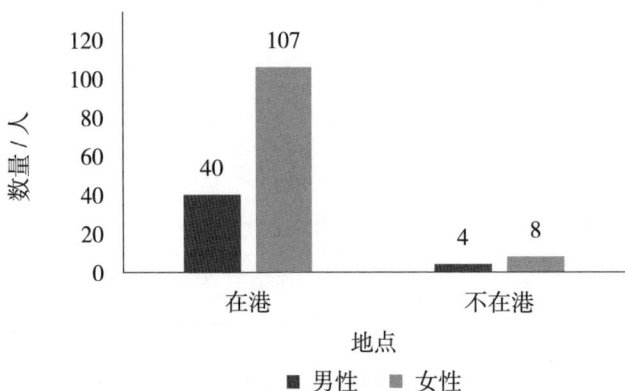

图 3-3　答卷者来源结构

对于女性如厕遇到排队的情况，问卷结果如图 3-4 所示，25％左右的女性答卷者经常在图书馆和东区教学楼遇到需等候情况。而在西区教学楼，该比例接近 50％，仅有 16.82％的女性答卷者从未遇到过公厕排队等候情况。可见，西区教学楼为本校区内的"重灾区"，同时图书馆、东区教学楼的问题也应给予关注。

在问及所在楼层公厕需要排队等候而别的楼层不用排队时，78％的女性答卷者愿意到别的楼层去。对此，我们认为，可以设计一个信息查询平台，实时查询各楼层公厕的使用情况，缓解特定时间下楼层女性如厕需求不均、楼层卫生间资源闲置的情况。

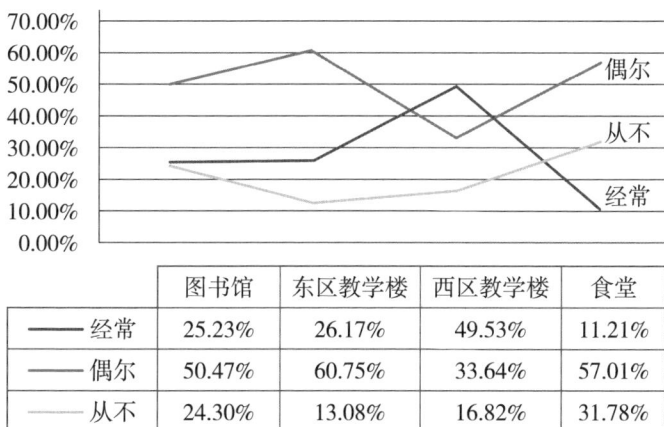

	图书馆	东区教学楼	西区教学楼	食堂
—— 经常	25.23%	26.17%	49.53%	11.21%
—— 偶尔	50.47%	60.75%	33.64%	57.01%
—— 从不	24.30%	13.08%	16.82%	31.78%

图 3-4　女性答卷者在本校区遇到公厕排队等候情况的频率分布

　　针对女性和男性在公共厕所隔间内花费时间的显著差异问题，女性在厕所隔间内的相关行为如图 3-5 所示。可见，多数女性会因生理期不便、整理衣服而耗时较长，值得注意的是 53％的女性答卷者会因为玩手机而延长在厕所隔间内的时间。

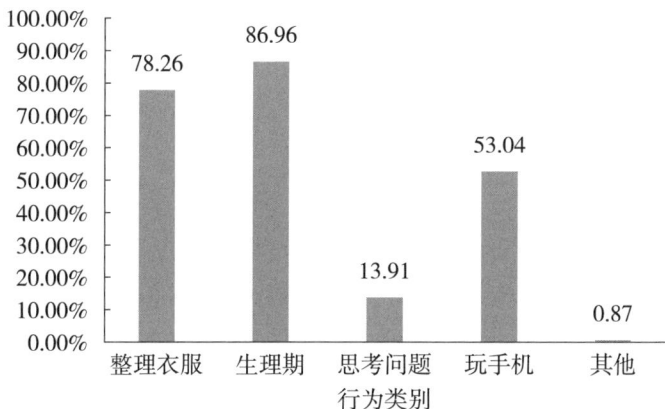

图 3-5　女性延长在厕所隔间内的时间的行为原因

进一步的调查显示，接近90％的女性会随身携带手机，结合问卷调查结果，减少女性在公共厕所隔间内玩手机的时间将是缓解女性如厕难现象的有效切入点。我们考虑通过在隔间内设置手机置放架来减少玩手机的时间，但是根据问卷数据（见图3-6）显示，这一解决措施将不会有明显效果。

手机置放架是否能减少您在隔间内玩手机的时间？

■ 否，47.19%   ■ 是，52.81%

图 3-6 手机置放架减少女性在隔间内玩手机时间的效果估计

我们调查了在校内设置无性别厕所的可行性，如图3-7所示，反对意见占了一半，原因主要涉及卫生、交替如厕的尴尬和不便、安全性等问题，还有答卷者提出无性别厕所会导致男性被迫加入如厕排队行列。其中，只有约1/3的男性答卷者反对设置无性别厕所，而反对的女性答卷者占到一半以上。对此我们认为，只有妥善处理无性别厕所的卫生问题和安全问题，额外设置无性别厕所才有望在女性如厕高峰期缓解排队等候现象。

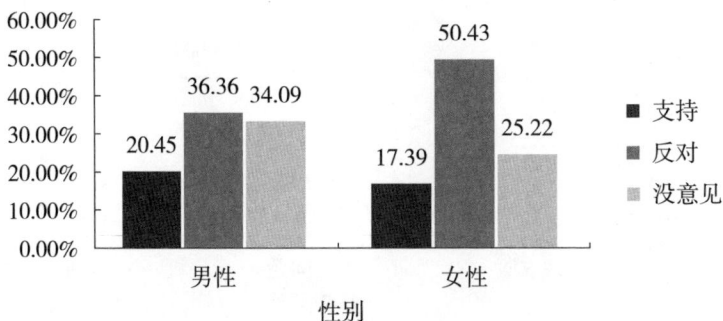

图 3-7 答卷者对校内公共场所设置无性别厕所的态度

（二）实地调查

我们抽样调查了东区教学楼、西区教学楼、基础图书馆个别楼层的公共卫生间，统计了每层楼公共卫生间数量、女洗手间蹲位数量和相关设施的数据（见表3-4）。

人流相对较少的东六、东五教学楼，清洁程度相对较差；西区教学楼公共卫生间蹲位少，配套设施不齐全，人流大的低楼层卫生间清洁程度差，异味熏人，工作日第二、四节课下课时间经常排起长队。东二教学楼女性卫生间在工作日第四节下课时间也存在排队现象。

表3-4　本校区部分女性公共洗手间抽样调查情况

地点	蹲位	马桶	烘干机	洗手液	整洁度	洗手池	每层数量
东一	9	1	有	有	干净	3	2
东二	8	1	无	无	干净	3	1
东三	9	1	无	有	水渍	3	1
东四	9	1	无	无	水渍	3	1
东五	6	1	无	无	白渍	3	2
东六	8	1	无	无	白渍	3	2
西一	6	1	无	无	干净	1	2
基础图书馆	8	1	有	1	干净	4	1

（三）电话访谈

为了解校方对女性如厕难问题的看法，我们通过电话联系了物业管理中心工作人员和总务处老师。

受访的物业管理中心工作人员也注意到了女卫生间排长队、男卫生间空荡荡的现象，但是并没有改变这种现象的意识。对于校内部分公共女厕设施损坏等问题，物业管理中心表示，可能是清洁人员没有及时向物业中心反映，作为日常使用校内公共设施的学生，遇到损坏的设施时应该积极主动向物业中心报修。

通过与总务处老师的交流，得知本校区建于 2001 年，当时并没有意识到男女如厕需求的差异，直接按照男女性洗手间 1 ：1 的空间进行建造，造成男厕蹲位加上小便池的厕位是女厕厕位的近 2 倍。而在建的西区早在五六年前就确定了建设规划，但最近两年才有学生反映女性如厕难问题，因而西区的公共厕所建设也来不及做出调整。

三、公共场所女性如厕难的原因

（一）男女生理结构的差异

科学研究表明，由于男女生理结构的差异，女性的如厕时间约为男性的 2.3 倍，而女性生理期、穿着衣物相对复杂也加长了女性如厕时间。

（二）建筑设计原则的根源

现有的公共场所卫生间设计理念大多只遵循了"平等"原则，使得男女卫生间面积为 1 ：1。实际上，男性卫生间的蹲位加上小便器的数量往往是女性卫生间厕位的近 2 倍，女厕的容纳量远小于男厕。建筑设计对女性需求的忽视造成了男女性如厕排队时间的差异问题。

（三）公众缺少对女性需求的关注

（1）从建筑设计角度来看，设计者并没有考虑到公厕中女性群体的特殊需求。在机场、商场等人流量较大的公共场合，男女厕所的空间大小基本一样，有的地方还会出现男厕女厕蹲位相同，但是男厕比女厕多出小便器的情况。社会大众普遍缺少对女性需求的关注，在高校中也屡见不鲜，进一步增加了该情况的严重性。

（2）女性群体自身缺乏行动力。在社会的大环境下，不仅男性对女性的需求不够重视，有时候就连女性对自己的需求也得过且过。女性自身缺乏行动力也是造成此种现象进一步加剧的重要原因。

二、女性如厕难问题的解决建议

（一）建筑设计

（1）调整蹲位数量。在女性公厕内部适当调整蹲位数量，同时在不同学科专用楼根据学生中的性别比例调整蹲位数量。我们建议在新教学楼中增加女性公厕蹲位数量，同时考虑学科大楼使用者的性别比来对此做出适当调整。

（2）设立衣物间。调查结果显示，有78％左右的受访女性表示整理衣服会导致其使用厕所时间的延长。故而可以增设一个专用的衣物间，为需要整理着装的女性提供比较私密的空间，避免占用正常如厕蹲位。

（3）设置提醒标语。调查结果显示，在携带手机进入厕所的女性中大部分会在厕所内玩手机，建议可以在厕所隔间门背后贴上提示标语，例如"如厕时间太长，小心'痔'趣相投"，提醒使用者延长如厕时间的危害或者提醒隔间内的人为隔间外排队等候的人着想。

（4）试点无性别厕所。无性别区厕所可以设置于男厕和女厕之间，靠近管理间，方便管理人员进行安全管理。

（二）后期维护

（1）基础设施维护。改善必备的基础设施，定期维修损坏的厕所隔间门、冲水设施和感应水龙头等。

（2）运用技术手段，增设厕所蹲位使用情况显示器。通过调查，我们了解到有近78％的受访女性在面临排队现象时愿意到其他楼层如厕。因此，我们设想通过设计一个能够实时查询各楼层公厕使用情况的信息平台，引导部分排队者到有闲置空间的楼层如厕，从而缓解某一特定时间某一楼层女性如厕需求较大、排队长的问题。360公司内部推出的如厕神器——去哪蹲（见图3-8），称能帮助员工自助找坑，免去排队的时间，让天下没有难上的厕所。通过"如厕指南"可以轻松查看所在位置附近的坑位情况，快速找到空闲坑位，节省找坑位的时间。我们认为可以借鉴这一设计理念，在校园内试点推广。

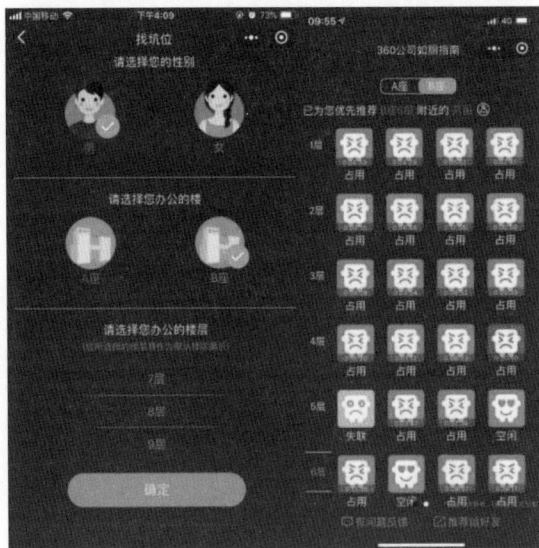

图3-8　找坑位小程序"去哪蹲"界面

（3）定期清洁。改善环境整洁度，补给及时厕纸，注意空气清新剂的使用。

（三）提高社会对女性群体利益的关注

当代社会，男女平等已经取得了显著进步，但在生活中的一些细节之处，不公平现象依然存在。公平并不同于数量上的平等，而是指对两性差异的考量，并采取针对性的措施加以解决。希望通过宣传和教育提高公民对公厕女性友好度乃至女性社会群体的重视，尊重女性，鼓励女性为保护自身正当权益而行动，充分体现城市文明和社会公平。

公共场所女性如厕难问题存在已久，针对这一问题的研究和社会活动也不计其数。许多发达国家和地区在现代文明发展建设进程中也遭遇了这一问题，并通过立法的完善和充分的落实得以有效缓解。在中国特色现代化国家建设进程中，女性越来越多地参与到社会生活和国家建设工作，公共场所厕所女性友好度的缺失日益突出。因此，高校应该率先为创造两性平等环境行动起来，在建工程的规划中考虑女性如厕需要的特殊性，做到男女性厕所设施的真正平等；对建成工程进行维修和适度的改造，缓解存在已久的女性如厕难问题。

林怡纯　谭璐璐　茅佳怡　路小娴　秦雪燕　吴玥：浙江大学第九期女大学生领导力提升培训班学员。

爱情无解，成长有径
——女大学生恋爱观调研

梁潇桐　应佳薇　陈玥元　陈喜善　周弋丁

爱情是女性情感生活的重要组成部分。由于传统的恋爱观念和柔弱的生理条件，女性在恋爱关系中往往处于相对弱势的地位，易缺失坚强意志品质和独立精神追求，从而影响其自身发展。当下社会，家庭和学校往往忽视为女性提供正确的爱情情感教育。近年来，北大女生包丽自杀等负面新闻频频出现，引发舆论热议，也凸显了引导女性树立成熟恋爱观的必要性。

恋爱事关青年的身心健康发展，大学生恋爱观从 1983 年起就被学界广泛关注。目前研究多集中于大学生恋爱观内涵、影响因素、发展状况、道德问题，研究成果丰富。苏娜定义"婚恋观是一种价值观，受到特定历史时期社会环境的影响"；倪秀娟认为，大学生恋爱观产生影响的原因主要有家庭教育的缺失、外国思维观念的渗透、学校管理不善等；黄希庭通过调查问卷分析得出，当代大学生的性观念日益开放，婚前性行为不断增加；美国心理学家诺克斯和祖曼斯发现 83％的大学生表明自己正处于恋爱状态，63％的大学生认为爱情是生命中不可缺少的一部分。苏霍姆林斯基认为，爱情是人类高尚的情感，他把爱情同个人以及整个社会的道德联系在一起，认为恋爱的过程是塑造道德品质的过程，恋爱双方应平等互敬；艾里希·弗洛姆指出恋爱双方要真诚专一，表现为自觉维护双方的平等关系。

我们聚焦恋爱观与女大学生恋爱观进行调研，以 Z 大学女大学生为样本进行分析，希望帮助当代女大学生实现爱与被爱的自由。

一、研究方法

在调研数据收集方面，我们采用问卷调查法，通过线上悬窗方式发放。调研的对象为不同年龄女大学生，共设置 19 个问题（见表 3-5），涵盖恋爱状况、恋爱态度、恋爱影响、择偶观等多个方面，旨在全面地反映被调研者现阶段的恋爱观。通过描述性分析，对调研数据资料进行初步整理和归纳，简要判断变量之间的规律，借助百分比、图表、文字等方式进行阐述，为接下来的深层分析奠定基础。

表 3-5　问卷调研内容

问题分类	问题设置
对调研对象进行分类	年级
	是否谈过恋爱　　是：恋爱次数、第一次恋爱的时间
	否：是否期待收获一段爱情
对象的恋爱现状	每天与伴侣相处花费的时间
	希望恋爱时间在日常生活中的占比
	是否认为恋爱是人生中必要的经历
恋爱态度和观念	目前对恋爱的态度
	恋爱和婚姻的关系
	是否有过异地恋经历及对其的态度
	事业和家庭之间平衡的期望
恋爱的影响	恋爱带来的改变大吗
	恋爱对自己在独立自主和安全感方面的影响
	恋爱可能带来哪些方面的影响（心理心态状况、日常学习与工作、未来职业规划与就业城市等）

续表

问题分类	问题设置
择偶观	选择你喜欢的人还是喜欢你的人
	是否愿意为另一半改变自己
	选择对象时衡量的重要因素（性格人品、自身能力等）
	对婚前性行为的看法

SPSS（Statistical Product Service Solutions，统计产品与服务解决方案）是社会科学研究中最常用的统计软件之一。我们使用 SPSS 实现了样本之间的相关性分析。统计学里常用的双变量相关性分析方法有三种，分别是皮尔逊相关系数分析法、肯德尔相关系数分析法、斯皮尔曼相关系数分析法。本次调研选择斯皮尔曼相关系数来分析恋爱阶段与调研对象对恋爱观八个问题的看法的相关性。斯皮尔曼相关系数是衡量两个变量的依赖性的非参数指标，其利用单调方程评价两个统计变量的相关性，对于样本容量为 n 的样本，n 个原始数据被转换成等级数据，斯皮尔曼相关系数 ρ 为：

$$\rho = \frac{\sum_i \left(x_i - \bar{x} \right) \left(y_i - \bar{y} \right)}{\sqrt{\sum_i \left(x_i - \bar{x} \right)^2 \sum_i \left(y_i - \bar{y} \right)^2}}$$

斯皮尔曼相关系数的值介于 -1 到 1 之间，绝对值越接近于 1，说明变量之间的相关性越强，如果数据中没有重复值，且当两个变量完全单调相关时，斯皮尔曼相关系数为 $+1$ 或 -1。

斯皮尔曼相关系数的假设检验，在样本容量大于 30 时，将 ρ 值构造为一个正态分布：

$$\rho_s \sqrt{n-1} \sim N \left(0 \cdot 1 \right)$$

当显著性 $\rho = \rho \sqrt{n-1} \leqslant 0.05$ 时，假设 H0：$\rho = 0$ 不成立，所以变量具有相关性；反之则 H0：$\rho = 0$ 成立，变量间不具有相关性。

二、调研结果分析

本次调研的女性对象共 160 人，年龄基本都集中在 18～22 岁，其中 61.9％的女性有过恋爱经历，平均的恋爱次数为 1～2 次，目前大多数人处于单身状态。在恋爱关系中，93.46％的调研对象愿意根据情况为对方做出一些改变（见图 3-9）；82.61％的女生赞成恋爱能够满足自己的心理需求、让她们得到生活和学习上的好伴侣（见图 3-10）；84％的女生认为随着恋爱经历的增加，自己会获得一定成长，且变得更加独立自主；但也有 4％的女生认为恋爱带来了消极影响，使她们变得更加缺爱、更依赖他人（见图 3-11）。

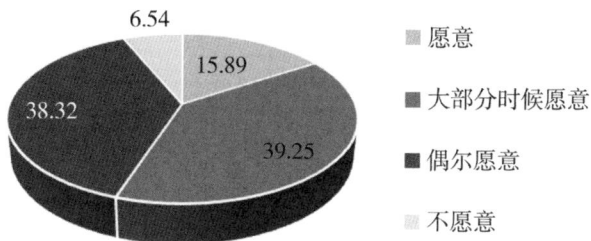

6.54
15.89
38.32
39.25

愿意
大部分时候愿意
偶尔愿意
不愿意

图 3-9　女大学生对"是否愿意为爱人改变自己"的看法

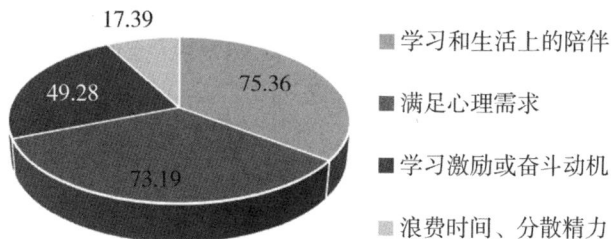

17.39
49.28
75.36
73.19

学习和生活上的陪伴
满足心理需求
学习激励或奋斗动机
浪费时间、分散精力

图 3-10　女大学生受恋爱影响方面的体现

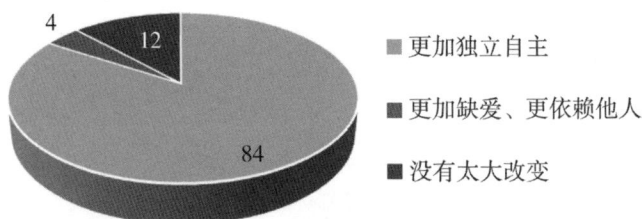

图 3-11 女大学生因恋爱带来的改变

　　在恋爱优先级方面，大多数没有经历过恋爱的女生期待收获一段爱情；将近 1/4 的女生认为恋爱是人生中必要的经历；在事业、爱情、友情、亲情的排序比较中，大部分女性将爱情放在生活的第三位，放在第一位的占比最低（见图 3-12）；面对爱情时，大多数女性持有的态度是顺其自然。

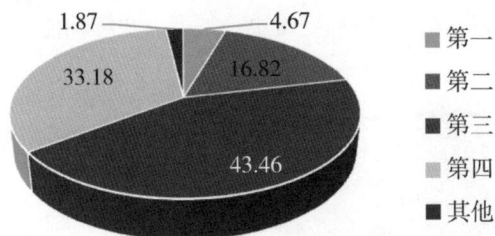

图 3-12 女大学生认为爱情在生活中的优先级

　　在关于女大学生择偶标准因素的考量中，调研对象表现出全面多元的择偶标准（见图 3-13）。恋爱次数对择偶标准产生一定程度的影响，但无论是否经历过恋爱，性格人品和自身能力都是调研对象择偶时的首要考虑因素。

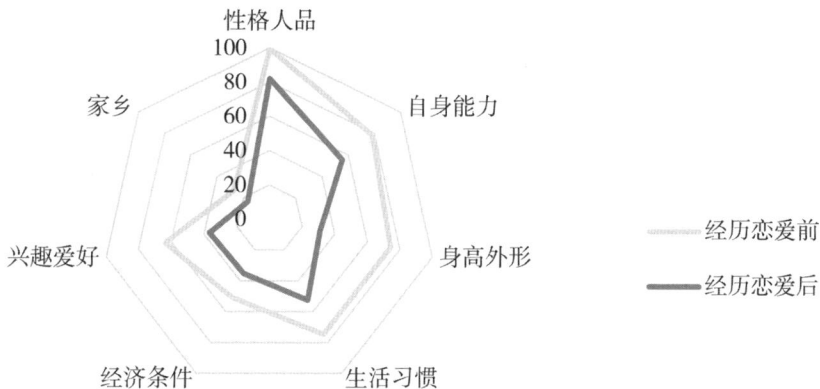

图 3-13　恋爱前后女大学生择偶标准变化

　　经数据分析可得，当女性的恋爱经历增加后，恋爱观会有非常大的变化。随着恋爱次数的增加，大多数女性都会降低恋爱预期，减轻恋爱对生活的影响，择偶标准也更加全面均衡等。为了验证这些猜想的准确性，我们使用理论模型进行进一步分析。

三、恋爱阶段对恋爱观影响的相关性分析

（一）初步分析

　　基于以上初步分析，我们观察到不同恋爱次数的调研对象在恋爱态度、婚后角色定位、婚前性行为等方面都有不同看法或选择。为了更加便利地研究恋爱次数对恋爱观的影响，我们将恋爱次数分为"0 次""1～2 次""3～4次""5 次及 5 次以上"四个阶段，并将其作为自变量，选取调研对象对"恋爱是否为人生中的必要经历""恋爱态度""恋爱占生活的比例""婚后角色定位""爱人选择""婚前性行为""是否愿意为爱人改变自己""恋爱与婚姻

的关系"八个方面的看法作为因变量，并对八个方面持有不同看法的人数作为观察值，按照四个恋爱阶段进行分类，制成频数分布表（见表3-6），为后续分析奠定基础。

表3-6　以恋爱次数为分组的频数分布

选项	选择与看法	恋爱阶段（分组）/段			
		0	1～2	3～4	5及5以上
恋爱是人生中的必要经历	是	38	49	16	12
	否	23	16	6	1
对恋爱的态度	顺其自然	52	51	14	6
	共同努力	7	12	7	6
	有了更好的就换	2	2	1	1
恋爱占生活的比例	10%以下	6	5	5	0
	10%～30%	38	40	6	9
	30%～50%	16	18	9	4
	50%～70%	1	2	1	0
	90%以上	0	0	1	0
婚后角色定位	家庭事业兼顾	52	55	17	9
	事业型女性	8	10	5	4
爱人选择	我喜欢的人	34	37	15	7
	喜欢我的人	27	28	7	6
	强烈反对	3	1	1	0
婚前性行为	可以理解，但自己不会	26	32	5	1
	可以接受	28	25	9	8
	赞成	4	7	7	4
是否愿意为爱人改变自己	不愿意	6	4	2	0
	偶尔	36	26	8	5
	大多时候愿意	14	26	11	7
	愿意	5	9	1	1
恋爱与婚姻的关系	恋爱是通往婚姻的桥梁	21	18	5	1
	不一定相关，只是人生体验	40	47	17	12

另外，为了提高恋爱次数的变化对恋爱观影响的可分析性，我们对自变量"恋爱阶段"与每一个因变量的恋爱观相关问题都进行了交叉表分析后合并成总表（见表 3-7）。交叉表是矩阵格式的一种表格，显示多变量的频率分布，能基本展现两个变量间的相互关系，可帮助我们观察两个变量之间的相互作用，得到不同恋爱阶段下调研对象对恋爱观问题不同回答的占比。其中，交叉表内数值单位为"％"，每种恋爱问题的每列数值和为 100％。

表 3-7　恋爱次数与恋爱观问题的交叉表整合

选项	选择与看法	恋爱阶段（分组）/段				
		0	1～2	3～4	5及5以上	总计
恋爱是人生中的必要经历	是	38.3	24.6	27.3	7.7	28.7
	否	61.7	75.4	72.7	92.3	71.3
对恋爱的态度	顺其自然	11.7	18.5	31.8	46.2	20.0
	共同努力	85.0	78.5	63.6	46.2	76.3
	有了更好的就换	3.3	3.1	4.5	7.7	3.8
恋爱占生活的比例	10％以下	61.7	61.5	27.3	69.2	57.5
	10％～30％	10.0	7.7	22.7	0.0	10.0
	30％～50％	26.7	27.7	40.9	30.8	29.4
	50％～70％	1.7	3.1	4.5	0.0	2.5
	90％以上	0.0	0.0	4.5	0.0	0.6
婚后角色定位	家庭事业兼顾	13.3	15.4	22.7	30.8	16.9
	事业型女性	86.7	84.6	77.3	69.2	83.1
爱人选择	我喜欢的人	56.7	56.9	68.2	53.8	58.1
	喜欢我的人	43.3	43.1	31.8	46.2	41.9

续表

选项	选择与看法	恋爱阶段（分组）/ 段				
		0	1～2	3～4	5及5以上	总计
婚前性行为	强烈反对	45.0	38.5	40.9	61.5	43.1
	可以理解，但自己不会	43.3	49.2	22.7	7.7	40.0
	可以接受	5.0	1.5	4.5	0.0	3.1
	赞成	6.7	10.8	31.8	30.8	13.8
是否愿意为爱人改变自己	不愿意	10.0	6.2	9.1	0.0	7.50
	偶尔	21.7	40.0	50.0	53.80	35.6
	大多时候愿意	60.0	40.0	36.4	38.50	46.9
	愿意	8.3	13.8	4.5	7.70	10.0
恋爱与婚姻的关系	恋爱是通往婚姻的桥梁	66.7	72.3	72.3	92.3	72.5
	不一定相关，只是人生体验	33.3	27.7	22.7	7.7	27.5

　　交叉表结果显示了八个因变量不同选项的选择频率随恋爱阶段的上升而变化的趋势。调研对象对"恋爱是否为人生中的必要经历""恋爱态度""婚后角色定位""婚前性行为""是否愿意为爱人改变自己""恋爱与婚姻的关系"这六个方面的看法和恋爱阶段之间可能存在一定相关性，而调研者对其余两个方面的看法与恋爱阶段之间的相关性不明确。接下来将对这八个因变量与自变量（恋爱次数）做相关性分析。

　　因常用的双变量相关性分析方法有三种，其中皮尔逊相关系数分析法、肯德尔相关系数分析法要求变量具备正态分布特征，而该要求可通过计算偏度和峰值来检验。计算结果（见表3-8）表明本次变量数据不符合正态分布，所以选择斯皮尔曼相关系数来分析恋爱阶段与调研对象关于恋爱观八个方面问题看法的相关性。

表 3-8　变量的偏度和峰值计算表

选项	选择与看法	偏度		峰度	
		统计	标准误差	统计	标准误差
恋爱是否为人生必要经历	是	0.676	1.014	1.543	2.619
	否	−0.676	1.014	1.543	2.619
恋爱态度	顺其自然	0.543	1.014	−1.44	2.619
	共同努力	−0.681	1.014	−1.167	2.619
	有了更好的就换	1.541	1.014	2.126	2.619
恋爱占生活的比例	10%以下	0.761	1.014	1.552	2.619
	10%～30%	−1.774	1.014	3.39	2.619
	30%～50%	1.599	1.014	2.443	2.619
	50%～70%	−0.192	1.014	−0.874	2.619
	90%以上	2.000	1.014	4.000	2.619
婚后角色定位	家庭与事业兼顾	0.760	1.014	−1.271	2.619
	事业型女性	−0.760	1.014	−1.271	2.619
爱人选择	我喜欢的人	1.693	1.014	3.201	2.619
	喜欢我的人	−1.693	1.014	3.201	2.619
婚前性行为	强烈反对或自己不接受	−0.732	1.014	−1.829	2.619
	赞成或接受	0.732	1.014	−1.829	2.619
是否愿意为爱人改变自己	不愿意或很少愿意	1.603	1.014	3.007	2.619
	常常愿意或完全愿意	−1.603	1.014	3.007	2.619
恋爱与婚姻的关系	恋爱是通往婚姻的桥梁	1.644	1.014	3.099	2.619
	不一定相关，只是人生体验	1.116	1.014	1.395	2.619

（二）斯皮尔曼相关系数分析

SPSS 的相关性分析功能（见表 3-9）结果表明，恋爱阶段与恋爱观问题具有相关性的有："是否愿意为爱人改变自己""婚后角色定位""恋爱态度"

中的"共同努力"和"顺其自然"的选择、"恋爱与婚姻的关系"中的"不
一定相关，只是人生体验"的看法，斯皮尔曼相关系数$\rho = 1$，显著性 $\rho =$
$0 < 0.05$。以上四个方面的斯皮尔曼相关系数的绝对值都为1，说明恋爱阶段
与以上恋爱观的方面完全单调相关，具有极强的相关性。而"爱人选择""恋
爱占日常生活的比例""恋爱与婚姻的关系"中的"恋爱是通往婚姻的桥梁"
的看法、"恋爱态度"中的"有了更好的就换"选择等因变量与自变量不存
在差异显著性，不符合斯皮尔曼相关性要求，故变量之间不存在相关性。

表 3-9　恋爱次数与恋爱观不同方面的相关性分析

选项	选择与看法	斯皮尔曼 恋爱阶段 相关系数	显著性（双尾）	是否存在相关性
恋爱是人生中的必要经历	是	0.8	0.2	×
	否	−0.8	0.2	×
恋爱态度	顺其自然	1.0	0.0	√
	共同努力	−1.0	0.0	√
	有了更好的就换	0.8	0.2	×
恋爱占生活的比例	10%以下	−0.4	0.6	×
	10%～30%	0.2	0.8	×
	30%～50%	0.8	0.2	×
	50%～70%	−0.2	0.8	×
	90%以上	0.258	0.742	×
婚后角色定位	家庭事业兼顾	1.0	0.0	√
	事业型女性	−1.0	0.0	√
爱人选择	我喜欢的人	−0.2	0.8	×
	喜欢我的人	0.2	0.8	×
婚前性行为	强烈反对或自己不接受	−0.8	0.2	×
	赞成或接受	0.8	0.2	×

选项	选择与看法	斯皮尔曼恋爱阶段		是否存在相关性
		相关系数	显著性（双尾）	
是否愿意为爱人改变自己	不愿意或很少愿意	−1.0	0.0	√
	常常愿意或完全愿意	1.0	0.0	√
恋爱与婚姻的关系	恋爱是通往婚姻的桥梁	−0.8	0.2	×
	不一定相关，只是人生体验	1.0	0.0	√

四、女性恋爱观变化的深层影响

根据以上分析可得，大部分女大学生都能在恋爱中保持相对的理性，能够平衡好对爱情、学业和家庭的付出，且具有相对完善、多元的择偶观。

根据斯皮尔曼相关性分析，我们发现恋爱经历次数与女大学生恋爱观息息相关。恋爱经历能够影响女性对恋爱的态度、婚后角色意向定位、对恋爱与婚姻关系的看法以及是否愿意在爱情中做出改变和让步等方面的观点和做法。这一发现，一方面与当前社会中女性受教育水平越来越高关系密切，受"独立自强"理念的影响较大；另一方面随着恋爱次数的增加，女性对于自身情感把控力会有所提升。女大学生不仅能够在恋爱中提升自我，寻求自身价值，也能注重恋爱关系双方的共同发展。

但在"爱人选择"和"恋爱占日常生活的比例"方面，恋爱次数的增加并没有对二者产生规律性影响，这缘于恋爱的感性和主观特点。不论是选择自己爱的人还是爱自己的人，或是选择每日与恋人相处的时间长短，都只是爱情的表现方式，仅由个体的主观意愿和习惯决定，并不影响恋爱深层的意义和自我价值的实现。若女大学生能够在恋爱中把握自身定位，保持理性与感性并重，与爱人共同成长，便会收获对人生有益的恋爱体验。

另外，恋爱经历的增加能够帮助女性提升自身全面性、同理心和复原力。在全面性方面，女大学生在恋爱关系中做出的选择，能帮助她们平衡恋爱与事业、友情之间的关系，关注当下与未来的抉择。在同理心方面，在恋爱中关注自身与伴侣的成长和能力的提升，也会使女性更加关注事业中与合作伙伴的关系，潜移默化地向他人赋能。在复原力方面，随着年龄、经历的增长，女性在处理恋爱关系中的矛盾时，能从中学习如何控制情绪，提高抗压能力和韧性，不断完善自我。

五、女大学生恋爱观相关建议

基于恋爱观的改变对女性的影响，我们提出以下建议。

一是由于本身的生理特质、成长路径和相关经历，女性在恋爱过程中更容易实现情绪稳定成熟与价值成长。女大学生要学会突破对自己产生消耗或消极影响的恋爱困境，在恋爱中实现自我价值的探索，从而领导自己的情绪与表现。

二是女生受社会现实与自身恋爱经历的影响，更偏向考虑保护自身。出于自我保护的需要，女生在即将进入恋爱或者正在恋爱阶段，都应保持较高的理性，保留自己的理性架构与价值判断，为自己建立安全舒适的空间。

三是在男女平权思潮活跃的时代，恋爱作为男女关系的重要交汇点，放大了人们对男女在其中的力量对比、相互关系、价值选择和价值判断的关注与思考。在恋爱的思考与实践中，女性应为提升自己留下充足长远的空间。

梁潇桐　应佳薇　陈玥元　陈喜善　周弋丁：浙江大学第十二期女大学生领导力提升培训班学员。

"柔软"有何不可

石颖秋　郑晨洁

一、女性领导发展困境

"玻璃天花板"效应是用于比喻一种无形的、人为的困难，具体指阻碍了某些具备资格的人在组织中得到晋升的现象。该词在 1986 年的《华尔街日报》中首次提出，后来莫里森在 1987 年提出"玻璃天花板效应"，用于描述女性在职场中的发展困境。数据显示，当前女性领导者在整个管理层，特别是高层中所占比例较低。这表明 21 世纪女性职业发展同样面临着"玻璃天花板效应"与种种困境，这归咎于传统观念、生理状态、社会环境等多方因素。

（一）传统观念与女性领导角色的冲突

受传统男耕女织的生产方式和"男主外，女主内"的观念影响，女性在社会生活中往往被归为承担家庭责任的一方。而随着时代的发展和女性独立意识的觉醒，越来越多的女性希望在社会工作中占有一席之地，甚至能够作为管理层，拥有相应的话语权，这与传统的性别偏见形成了鲜明的对比。与男性不同，女性领导者通常需要面对"如何平衡家庭与工作"的问题，即社会固有观念认为承担家务是女性的义务，其次才是工作和自身发展。而女性担任领导更是被视为无暇承担家庭责任的表现，这种传统思想影响了女性的社会定位，为女性职场和领导力的发展戴上了无形的枷锁。有些女性在追求工作价值的过程中，发现自身不能兼顾家庭责任时，往往会选择放弃自己的晋升机会。

（二）生理及心理因素

女性在旧社会没有自我谋生的途径，长期属于被统治和被特殊照顾的弱势群体，缺乏一定的自我意识。近年来，随着女权主义的呼声日益高涨，女性的权利虽然已在法律上得到明确保障，但女性仍处于男权社会的阴影下。首先，与被鼓励"征服世界"的男性不同，女性通常被灌输"人生首要追求是婚姻幸福、家庭幸福"的理念，她们更倾向于照顾他人感受而忽略自我人生价值的实现。其次，女性由于生理原因，需要牺牲巨大的精力和时间承担起生育责任，不得不放弃一些重要的工作及升迁机会。此外，受长期旧观念的影响，很多女性往往存在着自卑心理，将自己放在弱势的位置，在面对关键的职业生涯转折点时存在畏惧心理，缺少作为领导者的魄力，导致难当大任。

（三）缺乏对应的政策及培养体系支持

前文提到的由于外界及自身因素影响到女性领导力发挥的现状，这表明在职场中将男性和女性的晋升规则一视同仁的做法是不公平的。这既没有将女性的生育状况考虑在内，也没有让男性在孕育新生的过程中像女性一样牺牲自己的职场利益，必然使两者在发展过程中拉开差距。大多数女性的晋升期横跨生育期，如果没有相应的政策支持，即使是能力出众的女性领导者，也会在日益激烈的竞争中处于下风。此外，对女性领导者的曲解，或是女性自身的不自信,往往是由于我们缺乏对女性领导者的完善培养体系,"男女平等"仍是呼吁口号。只有在公正、友好的环境中, 对女性进行系统性地培养, 让她们树立起独当一面的自信心, 才能在工作中发挥自身优势与价值。

二、研究方法

为了解当今女大学生对女性领导力的观点, 研究采用问卷调研(见表3-10)方式, 反映高校女大学生对于领导力和女性领导力的认识、自身领导力评价和充当领导者意愿及经历四个方面(13个问题)的看法及评价。此次调查共回收有效问卷113份, 结果汇总如下:绝大多数女大学生认为女性应具备领导力(93.81%), 自身有在合作中充当领导者的经历(85.84%)且愿意充当领导者(79.65%), 会主动充当领导者(62.83%)。在提及领导力是否等同于强势时, 多数人认为不等同(85.84%), 但是多数人认为充当领导者的女性是"强势"的(58.41%)。

表 3-10　问卷调研内容

问题分类	问题设置
领导力认识	领导力是否等同于强势
	以下哪些品质是领导者所必需的:坚强果敢;以身作则;激励人心;挑战现状;其他(请补充)
	女性是否应该具备领导力
女性领导力认识	是否听说过希拉里、桑德伯格等杰出女性领导者
	身边的女性领导者是否强势
	以下哪些品质是女性领导者所特有的:以柔克刚;厚德载物;意志坚韧;心存善念;其他(请补充)

续表

问题分类	问题设置
自我领导力评价	认为自己是否具备领导力
	愿意在团队中承担哪一种或者哪几种角色：1.项目的提出者；2.项目的完善者；3.项目的实施者；4.项目的统筹安排者
充当领导者意愿及经历（高校女生女性领导力培养现状）	是否在团体中担任过领导者。如果有，担任领导者的频率是：1—2次；3～5次；5次以上
	是否愿意主动在团队中充当领导者的角色
	是否有展示自己领导力的平台

在提及愿意在团队中充当哪些角色时，调研对象的回答汇总如图 3-14、表 3-11 所示，部分女性愿意在团队中充当多种角色，超过半数（68.1%）的女性愿意承担团队领导者角色，即整个项目的统筹安排者。这表明多数女性对个人领导能力是具备信心的。

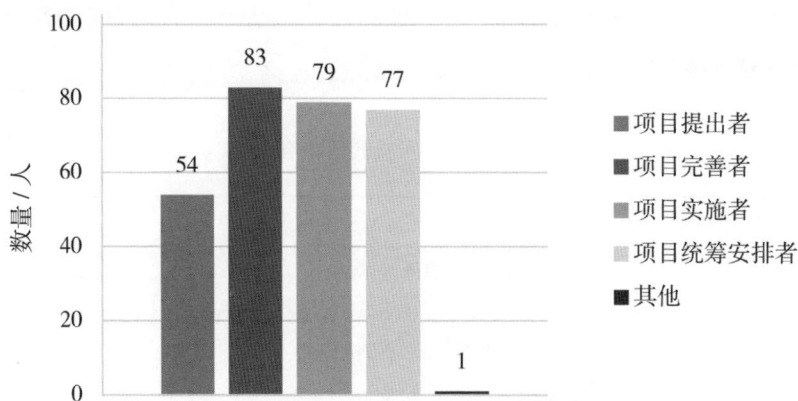

图 3-14　女大学生在团队中的角色选择

表 3-11　女大学生在团队中的角色选择

选项	频数	占比 /%
项目的提出者	54	47.8
项目的完善者	83	73.5
项目的实施者	79	69.9
项目的统筹安排者	77	68.1
其他	1	0.88

关于女性领导者特质的描述中，"以柔克刚"的认同者达 84.07%。谨慎细致、思考全面、沉着冷静、包容协调、以柔克刚、有亲和力，是被认为女性适合做领导者的六大特质。但也存在一定比例的女大学生（35.4%）认为自身不具备领导力，且有 36.28% 的调研对象认为自己缺乏施展领导力的平台。21.65% 的调研对象有多次（大于 5 次）充当领导者的机会，远远少于认同自身具备领导力的数量（64.6%），说明高校对于女性领导力的重视程度不足，需建立更完善的女性领导力培养体系，让更多女性在高校时期获得发展自身领导力的机会，增强对女性领导力的认识，在未来的社会工作中发挥更大价值。

三、女性领导优势分析

（一）亲和力强

女性的亲和柔美往往让她们在管理过程中产生让人心悦诚服的力量。这种感性的魅力体现在两个方面：一是女性领导的亲和、温柔更容易让下属有一种归属感。她们更注重人文关怀和双向沟通，让下属在实现集体目标的过程中，将自身发展与组织利益相结合，更积极地去面对工作中的难题；二是女性领导的同理心让她们更愿意听取下属的意见，往往会给下属直抒己见的机会，为构建平等、温馨的工作环境奠定了基础。与男性相比，女性领导者温柔、幽默的话语更易于化解社会的一些刚性矛盾。

（二）共情力强

一般认为，女性相比男性更具备敏锐、准确的直觉，这种能力让她们在工作中能更早地察觉到重要细节，未雨绸缪；此外，女性的强共情力让她们更加了解对方需求，两方面优势的结合让女性领导者在紧要关头发挥出重要优势。以"铁娘子"吴仪同志为例，美国前商务部部长埃文斯对吴仪同志曾有过这样的评价："她的脸上总是带着微笑，但她直觉敏锐，思维缜密，微笑背后是她在工作关系中体现出来的一种独有的情感优势。"1995 年，吴仪在和美国前贸易代表进行谈判时，给对方送了一个真丝刺绣工艺品，在长达 23 小时的谈判后，这位代表特别幽默地说："这场谈判，我是被这个礼物打倒的。"在工作中，吴仪以女性特有的思维模式、共情优势带来了巨大效应。

（三）谨慎务实

谨慎务实是女性领导者刚性的一面，她们在生活、工作中更谨慎、细致、吃苦耐劳。董明珠是 21 世纪最杰出的中国企业女性领导者之一，在她的领导下，格力连续多年登上美国《财富》"中国上市强势公司 100 强排行榜"，而她就是谨慎务实的典范。董明珠是一位极其强调制度的领导者，企业管理的各个环节都制定了详细系统的规定，对于制定的制度一定严格执行，这即是谨慎务实的体现。

四、女性领导力的开发和提升

（一）增强自信心，加强自身修养

"打铁还需自身硬"，女性领导者在谋求职业发展和社会支持的同时，最重要的还是通过努力学习，加强自身的文化道德修养，具备相应的素质和领导才能。即使社会环境中仍存在一些"男尊女卑"的观念，但女性可通过不断学习，提升自我意识，培养自信心，在工作中独当一面，得到正向反馈，从而形成良性循环。

（二）学习管理艺术，发挥女性优势

前文提到的亲和力强、直觉敏锐、谨慎务实等特点是女性领导者的天然优势，但由女性特质引发的感性、优柔寡断，则是作为女性领导者需要克服的一面。在施展领导力时，女性无需站到男性的对立面，而是要取长补短，学习他们的果决、理性的管理艺术，同时科学地认识和利用自身的优势，在职场中刚柔并济地施展自身的领导才能。

（三）外部环境保障，为女性领导者打造提升平台

女性领导力的开发和提升是一个综合、复杂的过程，除了与女性领导者自身能力素质的提升有关，也离不开外部环境的支持。我们需要在国家科学规划的基础上，依靠制度支持和法律体系保障，清除不良传统观念，为女性领导者营造更加良好的培养体系和社会环境，全方位地开发并提升女性领导力。

石颖秋 郑晨洁：浙江大学第七期女大学生领导力提升培训班学员。

你为形象买单了吗？

朱旻琪　焦瑞泽　李小蝶　汪鲁越　何月乔　韩笑　陈木棉

一、背景分析

随着中国 GDP 的不断增长，我国居民的生活水平不断提高，消费者的购买力水平也在不断提升，消费主义开始兴盛发展。越来越多的年轻人参与到新兴的消费方式中，成为消费活动中最活跃的一支生力军。消费由单一的经济行为转变成结合了文化和社会行为的表达形式。与此同时，商品也被赋予了更多的文化意义。学界对消费的研究不再局限于经济学、管理学等传统研究领域，还渗透到其他人文社会学科。在消费中产生的对生活品位的追求，对社会地位的推崇，以及对自我欣赏和自我满足的提高，让大学生毋庸置疑地成为消费群体中一支活跃的力量，与此同时也极大地推进了消费文化的发展。

外表上的消费被称为"形象消费"。很多研究学者在此定义的基础上，将其内涵进一步丰富，认为"形象消费"是指个体为了维护自我外部形象而进行的一系列消费活动，包括对服装饰品、化妆品、保养品的购买，以及美容整形和健身等活动的参与。研究表明，青年女性在形象消费的过程中追求个性化的美，渴望时尚，有强烈的自我认同感和自我表达的意愿。

2019 年《中国中产女性消费报告》数据显示，我国有中产女性群体约

7746 万人，占整体女性人数的 11.3％。中产女性具有较高的经济实力和购买力，有着强烈的消费意愿，代表着国内最活跃的消费力量。除此之外，女性消费行为也表现出审美化、个体化、追求符号价值、注重时尚价值等鲜明的特点。网络消费——这种新的消费方式也逐渐成为女性消费的主要渠道。

新消费群体的崛起，意味着群体的消费特征呈现出个性化、多元化的特点。《2021 大学生消费行为洞察报告》中显示，2020 年我国高等教育总规模达 4183 万人，其中在校普通本专科生人数达 3285 万人。随着人数的增加，高校消费市场规模也在不断扩大。据统计，大学生平均每月可支配生活费为2082 元，包括社交娱乐消费、个人零食饮料消费、鞋帽服饰以及护肤彩妆消费等。当代大学生作为新兴的消费群体，受到家庭环境、生活环境等各种因素的影响，喜欢崇尚多元化、追求个性的消费方式。消费是一个很好的彰显自身个性、表达自己意愿的途径。我们以大学生形象消费现象为切入点，通过对比男女大学生在形象消费方面的异同，来总结女大学生形象消费的现状，进而解释这一行为背后所体现出中国现有的性别文化和消费文化，并提出对应的解决措施。

二、问卷分析

为了解大学生在形象消费方面的情况，我们面向本校在校生进行问卷调查，共回收 197 份有效问卷，女生 138 名，占比 70.05％；男生 59 名，占比29.95％。就专业分布而言，问卷将专业分为了五个大类，分别为人文社科学、理学、工学、农学、医学。其中文学类占比 47.21％，理学类占比 6.60％，工学类占比 34.52％，农学类占比 6.09％，医学类占比 5.58％。就年级而言，大一年级占比 12.69％，大二年级占比 26.4％，大三年级占比 4.57％，大四年级占比 9.64％，硕士一年级占比 26.90％，硕士二年级占比 12.69％，硕士三年级占比 3.05％，博士研究生占比 3.56％。本科生数量略多于研究生数量。

（一）消费情况分析

调查发现大部分大学生每月的生活费在 1000～2000 元。在面部消费方面，花费在护肤品上的占比最高达到 78.68％，其次是化妆品和美容美发产品。从购买面部消费品的渠道来看，主要是通过网购，占比达 77.66％；其次是身边朋友推荐并购买，占比 45.69％。在购买频率方面，男生比女生在日化、护肤品方面的购买频率要低得多，接近一半男生的购买间隔时间在半年以上，而女生的购买频率分布比较平均。72.08％的学生会等到消费物用完再买，其中男生会更加理智一点。在美容、美发消费频率方面，男生会比女生更注重美容美发的选择，说明男生对面部的要求没那么高，反而对头发的要求更高一点。

在服饰消费方面，68.53％的人存在买来后没有使用过的情况。在服饰消费途径方面，85.28％的同学会在网上了解并购买，58.88％的同学会在实体店购买，35.53％的同学会通过身边朋友推荐并购买，可以看出网购已经成为大学生形象消费的主要方式。在购买频率方面，大部分男生会选择一个季度买一次，而女生购买频率更高。在服饰消费中，男生和女生都很喜欢购买衣服，不同的是，女生比男生更喜欢买衣服，比例达到 90％以上；而男生还喜欢购买鞋包，原因可能是男生的运动量比女生要大，对于鞋子的要求会更高，花费也就更高。

（二）消费态度分析

在对形象消费的态度方面，质量、款式、性价比、价格、品牌排进了前五位。无论男生女生，大家关注最多的前三项是质量、价格、性价比，占比均在 50% 以上。

在对名牌的态度方面，49.24% 的人在有经济能力的情况下才会购买名牌，仅有很小一部分人只购买名牌，女生相对于男生会更倾向于购买名牌。

在形象消费的原因方面，半数以上的人认为进行形象消费可以使自己心情愉悦、提升自信，在与人的相处中可以获得更好的印象和评价。简言之，大学生进行形象消费主要是提升自己的气质，其中男生最注重的是给别人留下好的印象，而女生更喜欢通过打扮让自己更开心，更加自信。

关于在网上购物是否有被"种草"的经历，74.11% 的同学表示"有"。其中男生在这方面比女生要少一点，原因可能是男生对于这方面的关注度较少，购买全凭意愿。

在"评价他人时，您是否注重对方的外在形象"这一题中，无论男生女生，都会比较注重别人的外在形象，而女生尤为如此。

在"您是否在意他人对自身形象的评价"这一题中，男生和女生对别人对自己的形象评价都是比较在意的，其中女生会更加在意，这也解释了为什么在形象消费方面女生的花费要比男生高。

三、总体特点

大学生普遍经济没有独立，在经济方面依赖性强，但因为年龄较轻，自控能力不强，消费欲望比较旺盛，容易受到外界诱惑，总体呈现出如下特点。

（一）感性与理性并存

大学生具有高消费的特点，与男大学生相比，女大学生消费水平更高，更重视形象的打理，想以此来实现个性化的认同。但数据也表明，女大学生的形象消费虽然较高，但是她们在消费同时也会关注其实用性，并且衡量自身的消费能力，消费行为总体比较理性。

（二）重视符号价值

购买一件物品并不仅是购买这个物品本身，更是购买这个物品的符号价值。大学生高度关注形象消费的商品品牌，在保证现有经济基础的前提下更倾向于购买名牌商品。其中，女大学生更愿意购买潮牌商品，利用个性化的装扮来表现独特和审美品位。大多数参与调查的大学生表示，良好的外在形象可以形成积极正面的自我暗示，有利于提升自我魅力，增强自信心。不仅如此，良好的形象更是一种外在优势，会美化其在他人心中的印象，在相处中获得更高的评价。

（三）体现自我意识

相比过去，当代大学生的自我具有更加多元、独立、自主的特征，随着社会的发展，大学生的自我意识不断苏醒和深化，因而更加在意内心的感受。从个人角度出发，大学生的形象消费行为更多是为了满足自我认同的需要。

四、原因分析

随着经济的发展，人们的消费观念、消费习惯等都会发生改变，我们对大学生消费行为特点的形成原因分析。

（一）消费观念由传统趋向开放

在过去物资相对匮乏的年代，消费的种类、途径、水平受到限制，人们的消费欲望被抑制，形成以节俭为核心的消费观念。而现在，随着生活水平的普遍提高，大学生们的钱包也日渐丰满，同时得益于日新月异的互联网技术，丰富又广阔的消费市场呈现在大学生眼前。当代大学生的消费观念逐渐开放，从省吃俭用的传统消费观到现在随心所欲，甚至利用花呗等进行超前消费，表明大学生的金钱观念正在发生变化。

（二）网红经济的发展

互联网的快速发展诞生了"网红"这一群体，而"网红经济"就是以年轻貌美的群体为代表，借助"网红"的品位和眼光，利用社交媒体聚集粉丝，将人气转化为消费力。作为社交媒体主要受众群体的大学生，他们思想开放、追赶潮流，对"网红"的追捧逐渐提高。"网红经济"正是把握住了大学生爱美、追求时尚的心理而进行了定向营销，以其强大的震慑力逐步改变大学生的消费理念。

（三）消费与自我认同密切联系

外部形象是个人表达自我认同的一个符号，消费则是人们表示对自我认同的方式之一。"我"的消费方式和产品在一定程度上包装甚至成为"我"，而另一方面，"我"的消费观又是被"我"对自我的认知所影响的。当代大学生倾向于通过形象消费来表现自己的个人认同、身份认同和群体认同，学习和模仿其理想的形象，包括穿搭、妆容、风格等，通过改变和塑造自己的形象从而表现出区别于其他人的个性。

（四）大众媒体的影响

大众媒体已潜移默化地渗入了人们的日常生活，也成为当代大学生的信息获取途径。针对年轻的大学生，媒体的概念输出可是一套又一套。比如创造一些伪概念，让商品直接与某种"人生意义"挂钩——女大学生的第一支大牌口红、职场新人的第一套得体西装等。媒体宣传塑造的形象仿佛就是镜子，给美以定义，同时也充斥着各种标签，使得许多年轻的大学生趋之若鹜。正是因为迷恋理想化（镜像）的自我，大学生不惜一切代价来追求完美无瑕的表现，并通过化妆、造型、着装、健身等修饰自己，甚至走上整容之路。

（五）形象焦虑促进形象消费

消费社会学认为，消费文化连接了身体与自我的认同，个体常常通过塑造身体来建构良好的自我感觉，更加好看、更加年轻、更加有吸引力已经成为个人的基本需求，因为美好的外在会使人心情愉悦、感觉良好。我们的社会越来越追求"白幼瘦""高颜值"，这种逐渐病态的审美潮流也慢慢加重了大学生的身心压力。可怕的形象焦虑让大学生接近甚至落入消费主义的陷阱，从而促进了形象消费。

（六）偶像效应

利用粉丝对年轻明星的追逐进行定向营销正在成为一种全球化的商业趋势。在中国，粉丝对偶像的情感投入和经济承诺更多，不少品牌看到了这种商业影响潜力，纷纷利用偶像效应引导其形象消费。

（七）同辈压力

同辈压力（peer pressure），即来自同龄人的压力，主要有两种，一是由于渴望被同伴接纳而选择从众产生的压力，二是在互相比较中产生的压力。在互联网时代，大学生想在人际交往中建立完美精致的人设，呈现更加理想化的自己，这实质上是自我身份认同的问题。奥地利人本主义心理学先驱、个体心理学创始人阿尔弗雷德·阿德勒提出，人其实是由三个自我叠加构成的。处在第一位的，是自己想在别人心中塑造的自我，这种自我并不是本真的自我，而是一种社会性的自我，其价值在于塑造一种经过包装的、虚拟的形象。也就是说，即使有人本来不注重外在的形象，但受到来自同辈完美精致的人设压力，潜移默化中也会去进行化妆、服饰、健身，甚至整容等形象消费。

五、大学生消费建议

大学生作为一类特殊的消费群体，在消费上呈现出许多自身独有的特点，一方面他们消费需求旺盛，另一方面他们经济来源有限，为了满足自身需要，容易受到外界诱惑，做出一些不够理智的选择。因此，大学生的消费问题会影响到大学生价值观、人生观的形成。为促进大学生合理消费，健康成长，我们提出以下建议：

（一）保持理性消费

尽管女大学生比较注重商品的性价比与质量，但与男大学生相比仍呈现出高花销特点，因此女大学生需要继续保持理性，避免盲目消费和过度的超前消费，不要陷入消费主义的陷阱。

（二）在传统观念与现代社会中寻找平衡

在传统的性别文化中，因男性的权利地位较高，常常以男性标准作为客观标准。而现代社会女性自我意识崛起，开始逐渐脱离传统的性别文化束缚。因此，女大学生应在传统与现代的碰撞中找到自己的定位。

（三）发现自我并保持自我

一方面，大学生的群体自我意识较强，更加注重形象消费对自我提升的积极效应；另一方面，大学生在形象消费时对品牌有所向往，但需考虑自身情况，量力而行，树立正确的消费观念，并在此基础上寻找个性的、适合自己的风格。在消费的洪流中，需提高主体意识，发扬主体的对抗性，弘扬主体的自觉性、为我性、能动性和创造性。

（四）树立正确的消费观念

在消费主义兴起、"网红"经济快速发展和符号消费的推动下，人们的生活方式和消费观念在无形中受到了影响，开始持续追求商品符号所代表的生活方式，渴望购买更多的商品和服务。大学生接受过高等教育，对社会生活、大环境的自我理解更加深刻，更应该提高自己的辨别力，据此来树立新的消费观，构建新的审美标准，展示更好的自我。

（五）重构消费审美

消费者的审美水平涵盖审美喜好、审美情趣、审美理想和好评标准等，所以对美的理解也决定了对美的选择。消费者对审美的追求通常会呈现为对外表的装扮，因此产生相应的审美消费，大学生对"网红"经济的热衷便是如此，但个体对此过度模仿和追崇会引发形象焦虑并加重同辈压力。所以，大学生重构消费审美，不仅可以提高对美的感受力，更能提升对自我的清醒认知，从而远离庸俗和千篇一律，走向深刻和与众不同。

朱旻琪 焦瑞泽 李小蝶 汪鲁越 何月乔 韩笑 陈木棉：浙江大学第十期女大学生领导力提升培训班学员。

后　记

　　20世纪50年代，波伏娃于西方世界发表振聋发聩的陈述后，21世纪，中国云南丽江华坪女子高中的宣誓词中，大山深处的女子们发出与之辉映的呼喊："我生来就是高山而非溪流，我欲于群峰之巅俯视平庸的沟壑；我生来就是人杰而非草芥，我站在伟人之肩藐视卑微的懦夫。"这样的呐喊，来自同一个性别，如此振聋发聩，隔着70多年的光阴和万里山水，相互呼应，汇成了人间最强最美的生命之歌。

　　然而，一个人，无论是何性别，都不可能生来即为高山，命定要做人杰。我们每一个普通人，来到世间，都只能通过自己的手脚去攀登，唯有历尽艰辛跨越人生一座又一座险峰，才能赏见云海万丈的美景，体会"会当凌绝顶，一览众山小"的成就感。身为女性，就更是如此了。

　　"女领"想要给诸位女性同胞的，并非攀登的梯子或者飞翔的翅膀，而是曲折山道上的一处处路标。它指向山顶，画出了顶峰的美景，告诉你有路可以抵达那样不凡的所在。只要你也敢于迈出你的步伐。

　　这些路标的修筑，并非一日之功。许多人以不同的方式做出了贡献，值得感谢。

　　感谢浙江大学党委学工部和经济学院共建的浙江大学女性职业特质研究与发展中心，培育出了浙江大学女大学生领导力提升培训班这个平台。这些年来，平台紧紧围绕"德才兼备、全面发展"的核心要求和"知识、能力、素质、人格"四位一体的人才培养体系，搭建具有创新性、独立职业特点的女大学生领导力教育平台，通过名师授课、分享沙龙、工作坊、社会实践、课题研究等方式，积极提升女大学生领导力和综合素养，助力学生迈向更高质量、更加卓越、更受尊敬、更有梦想的新征程。2014 年 4 月开班以来，培训班已经成功举办 13 期，邀请各界优秀女性交流分享，举行各类报告 110 余场，在校内外产生了广泛的影响。

感谢党委学工部的历任领导，特别是邬小撑老师、郭文刚老师、林伟连老师、尹金荣老师、潘贤林老师，没有他们的关心与支持，就不可能有平台的顺利运转。

感谢经济学院的历任党政领导，尤其是张荣祥老师、张子法老师，没有他们热心的指导、最大限度的信任和包容，中心也未必能够持之以恒，收获今天这样的硕果。

感谢中心历任负责人，在我之前，卢军霞老师、仇婷婷老师先后负责这个平台的具体事务，她们为此后的工作打下了坚实基础，为后来者更好地开展工作创造了良好条件。

感谢中心创办以来的众多团队成员，在并肩作战的日子里，有很多难忘宝贵的经历和回忆，我们一起收获友谊，收获成长，在此一并致以深深的谢意。

感谢中心开创至今欣然应邀前来"传经送宝"的各位嘉宾。她们是本书的主角，正因为她们无私分享的精彩故事，才成就了这本书。

感谢加入这个平台的各位女大学生，愿意跟随我们的脚步，倾听箴言，践行真知，拥抱成长。

最后特别要感谢浙江大学出版社的信任和支持，副总编辑张琛老师很关心此书的进展情况，给予了极大的支持；策划编辑吴伟伟老师从最初策划到最终出版全程参与，激发了我的潜能；责任编辑马一萍老师提出非常多专业的建议，为本书增色许多；营销中心的各位老师加班加点，保证了这本书能以最快的速度到达读者手中。如果说这本书有一点点的成果或者影响，都是出版社各位老师和作者相互成就的结果。

这本书的共同作者超过 60 位，其中凝结的"女领"之成果具有的意义，远超越了文稿或观点的价值。这是一种精神，一种女性自立自强的精神；更是一种情意，一种女性之间温暖而又深沉的情意。它散发出迷人的光和热，充满了催人奋进的力量。

愿这种力量激励更多的女性前行成长。

愿世间所有的女性都能冲破头顶的玻璃天花板，亲手触碰更高远而美好的未来。

编　者

2023 年 3 月